（独）国立病院機構
北海道がんセンター 名誉院長
西尾正道

被曝インフォデミック

トリチウム、内部被曝——ICRPによるエセ科学の拡散

寿郎社

はじめに

2020年は新型コロナウイルス（COVID-19）のパンデミック問題で明け暮れたが、PCR検査を制限する愚策により、2021年を迎えても感染者は減少せず、むしろ増加している事態となっている。

この過程で、世界中で経済活動だけではなく、働き方のスタイルや健康や命を守ることの大切さについて自覚し、人生観や死生観について考える機会となった人も多かったと思う。しかし2021年3月11日で東日本大震災と福島第一原子力発電所の事故から10年となる今も、事故直後に出された「原子力緊急事態宣言」下のままであり、この新型コロナウイルスの問題で10年前の原発事故の放射線被曝による健康被害の問題はほとんど報道されなくなった。最近の報道ではトリチウムを含んだ汚染水の海洋放出問題だけが、政府・行政側の安全だとする意見と漁業者側の風評被害を危惧する意見との対立として報じられたが、そこでは科学的な意見や議論は皆無である。そもそもフェイクサイエンス（エセ科学）で塗り固められたICRP（国際放射線防護委員会）の全く実証性のない非科学的な内部被曝のインチキ計算をもとに、エネルギーの低いトリチウムを海洋放出しても被曝線量は低く安全であるとして、海洋放出しようとしているのである。

科学的・医学的知識の欠如したジャーナリズムの問題もあるが、利益のために国民をだまし続ける原子力ムラの対応は目に余るものがある。

コロナウイルス感染では数日で発症し重篤化することもあることから国民は皆、感染予防に真剣に取り組むが、低線量の放射線被曝による健康被害はすぐには症状が出ず数年～数十年単位の問題となるため問題意識が希薄となる。

この10年間は科学的に考えれば、全くインチキな放射線の人体影響に関する知識が流布された期間であった。そして私にとっては日本社会全体がICRPのゴマカシの催眠術にかかっていることに呆れ、失望する日々であった。“放痴国家”の嘘と隠蔽に科学的な知識で対応していただきたいと思う。

今後、福島第一原発事故後の健康被害は数十年単位の長期的な経過で明らかになると思われる。したがって本書の内容は20〜30年後になって改めて見直されるものと思っている。そこで現在までの原発事故後の規制値の変更(緩和)や、棄民政策とも言えるデタラメな政府の対応についてまとめ、さらに科学者たちからも軽視・無視されている内部被曝の問題と、トリチウムを大量に含んだ汚染水の海洋放出の危険性について書き残すこととした。

基本的に低線量被曝による種々の放射線の健康被害は、本書第6章で詳述しているように「長寿命放射性元素体内取り込み症候群」によるものであるが、まずはICRPが全身影響を実効線量シーベルト(Sv)という全身化換算したインチキ単位で議論してゴマカシていることを理解し、正しい知識で原子力政策について判断していただきたいと思う。

がんの放射線治療ではベクレル(Bq)という物理量の単位か照射部位に付与されたエネルギー量を示す吸収線量グレイ(Gy)しか使用せず、全くシーベルト(Sv)という単位は使用することはないが、原発事故後は仮想単位であるSvで人体影響を議論しているのである。

本書は私が支援している「市民のためのがん治療の会」のホームページ(http://www.com-info.org)上の「がん治療の今」に掲載した原稿をもとにまとめたものである。

また本書の資料の図表は講演のために作成したスライド原稿をもととしたため、言葉足らずで説明不足となっている箇所もあるがお許し願いたい。

なお、本のタイトルにある「インフォデミック」とはWHOによる造語で「偽情報の拡散」を意味する。

目次

第1章
棄民政策を続ける原子力ムラの事故後の対応

数値で見る棄民政策

今、政府・行政、そして原発事故を起こした東京電力は、御用学者・インチキ有識者とスクラムを組んでICRP（国際放射線防護委員会）のフェイクサイエンスを基にした無責任な放射線対策をし続けている。

事故後10年が経過し、現在まで行われてきた被曝線量に関する規制値の緩和をまとめ**資料1**に示すが、原発事故後の政府・行政の対策は常に後出しジャンケン手法であり、基本的な姿勢は「調べない」「知らせない」「助けない」である。偽装と隠蔽とゴマカシを織り交ぜて国民を欺いているのだ。

事故直後の体表面汚染の測定においては、法律では1万3,000シーピーエム（cpm=1分間に検出器に当たった放射線の数を表す単位）以上であれば、除染しなければ管理区域内にとどまらなければならないが、それを10万cpmまで引き上げ放射性物質を付着させたまま退避させた。

特に一般公衆の人工放射線の居住基準としている年間1ミリシーベルト（mSv）を年間20mSvにまで引き上げ、いまだに変更することなく被曝を強要している。従来の法律では一般公衆の年間被曝線量の規制値は1mSvとされていたが、それも20mSvに引き上げた。参考までにICRPの勧告値の変遷を見てみると、1953年に初めて一般公衆の年間被曝線量の規制値を15mSvと勧告した。しかし低線量でも放射線の健康被害が長い経過観察により明らかとなり、1956年には5mSv/年とし、さらに1985年には1mSv/年（例外は認める）とした。1990年には1mSv/年（例外は認めない）とし、この勧告値が現在の諸外国の国内法にも取り入れられている。したがって歴史的な経過から見れば、20mSv/年という線量はいかに異常かがわかる。この異常に高い規制値と現在の放射線管理区域の規制値を比較したものが**資料2**である。

現在騒がれているコロナウイルスの感染ならば数日で発症する人もいるので多くの人が関心を持ち政府・行政も対応に迫られるが、年間20mSv程度以下の環境下での健康被害は晩発性であることから、なんらかの健康被害が起こったとしても放射線が原因と断定することは容易ではなく、因果関係を証明することも困難なため、うやむやにされてしまうのである。

医療施設内で放射性物質を取り扱ったり放射線発生装置が設置されている区域には**資料2**に表示したような「放射線管理区域」の標識がある。通常のX線

	F1*事故前	倍率	F1事故後
体表面汚染の スクリーニング・レベル	13,000cpm	7.7倍	100,000cpm
公衆の 年間被曝上限	1mSv/年	20倍	20mSv/年
緊急作業時 年間被曝限度	100mSv/年	2.5倍	250mSv/年
放射性廃棄物基準	100Bq/kg	80倍	8000Bq/kg
被曝管理方法	空間線量率	5~70%	個人被曝線量
除染ゴミの処理	究極の後出しジャンケン		資源としてばら撒く

*F1=福島第一原子力発電所

資料1　御都合主義の「後出しジャンケン」手法による規制値の変更

放射線障害防止法

放射線管理区域境界:1.3mSv/3月=0.6μSv/h
放射線管理区域の境界は年間約5.2mSv
[*管理区域内では、飲食の禁止(医療法)
*18歳未満の作業禁止(労働基準法)]
人工放射線の居住基準：20mSv/年=2.28μSv/h
⇒管理区域の3.8倍

医療法電離則

資料2　一般公衆の年間被曝限度20mSvの異常さ

診断のための撮影装置などがある区域には右側の白い標識が掲げられている。「医療法」や「電離則」という法律で規制されているためである。また左側の黄色い標識は1メガエレクトロンボルト(MeV)以上の高いエネルギーの放射線を扱う場合で「放射線障害防止法」で規制されている。この標識の3つの赤い葉状のマークはアルファ線(α線)、ベータ線(β線)、ガンマー線(γ線)を意味している。

この標識のある放射線管理区域と外との境界は、3カ月当たり1.3mSv(=1時間当たり0.6マイクロシーベルト(μSv))以下としなければならない。年間にすれば、

5.2mSv/年となる。また放射線管理区域内では、飲食は禁止(医療法)され、18歳未満は作業禁止(労働基準法)である。福島県民に強いている20mSv/年とは、20mSv/年(24時間×365日)=2.28μSv/hとなる。年間20mSvとは放射線管理区域の境界の3.8倍(20/5.2)の線量なのである。こんな放射線管理区域内での環境下で子どもも妊婦も生活し、飲食もしているのである。ICRPの勧告値である一般公衆の規制値は1mSv/年であるが、この線量はモニタリングポストの値では0.114μSv/hであり、健康を守るために作られたいくつかの法律に違反した状態なのである。10年経過した現在でも福島県の居住地域は年間20mSv以下としているが、**資料3**にチェルノブイリ事故後のソ連の対応と日本の避難基準の比較を示す。チェルノブイリの避難基準では、5mSv/年以上の地域は全員強制避難である。なおチェルノブイリでの5mSv/年の考え方は、外部被曝が3mSv、内部被曝が2mSvと考え、合計5mSv/年としているが、日本では外部被曝だけの数値である。

1990年に成立したウクライナ法でチェルノブイリでの居住可能線量は外部被曝と内部被曝を合わせた線量評価で行われ、年間の外部被曝3mSvの区域で生活していれば内部被曝は2mSvあるとして加算して合計5mSvとし、これ以上の区域は強制移住とした。そして1〜5mSv/年の区域では移住しても、住み続けてもよいとする「移住の権利ゾーン」として住民に選択権を与えている。たとえば高齢者夫婦が環境の変化を望まず、住み続けたいといったような場合はOKとしており、極めて上手な落としどころに設定したといえる。

しかし日本では「内部被曝は全く測定せず考慮せず」の姿勢で、外部被曝線量だけで年間20mSvの区域——チェルノブイリの基準の6.6倍(20/3=6.6)の場所——に居住させているのである。

また、さらにデタラメなことに、被曝線量を知るために空間線量を測定するモニタリングポストが、機器の内部操作によって実際よりは40〜50%低減させた数値が表示されるようになっている。このモニタリングポストの数値が新聞に掲載される線量となっているため、健康被害が将来出現しても線量との相関も分析できない状態が続いているのである。

資料4にモニタリングポストの問題のまとめを示す。右上の写真にあるスペクトルメータがない2台のモニタリングポストが置かれた異様な風景が1年以上続いた

年間放射線量	福島	チェルノブイリ
50mSv超	帰還困難区域	移住の義務ゾーン
20～50mSv以下	居住制限区域	
20mSv以下	避難指示解除準備区域	強制避難ゾーン
5mSv超	居住可能	
1超～5mSv以下	居住可能	移住の権利ゾーン
1mSv以下	居住可能	放射線管理ゾーン

*チェルノブイリの5mSvは外部被曝3mSv+内部被曝2mSvとして計算

資料3　福島とチェルノブイリの避難基準の比較

が、右側は当初設置されていたアルファ通信の機器である。アルファ通信は内部操作でモニタリングポストの表示値を低減させるように政府・行政から圧力がかかったが、米国の軍隊が使用している国際標準の機器であり、そんなゴマカシはできないと拒否したため、契約解除された。代わって設置され現在使用されているのは左側の写真にある富士電機製のモニタリングポストである。この機器は内部操作で表示値を40～50%低減し表示している。

資料4のグラフは富士電機の機器に変更となった時に矢ケ崎克馬氏(琉球大学名誉教授、物性物理学)が市民とともに福島県内のモニタリングポストの測定検査を行った時のデータである。実際の測定値は赤点であり、「ゴマカシ」モニタリングポストの表示値は青点である。多くの測定場所で40～50%の低い値であった。ここまでして、被曝線量は低いと政府・行政は安心神話を振りまいているのである。社会正義もなにもあったものではない。

私が2014年秋にチェルノブイリを訪れた時、事故を起こした原子炉から30km離れた立ち入り禁止ゲート前の線量は、事故から28年経過していたが0.23μSv/hであった(**資料4右下**)。この値は福島では除染基準としている線量である。事故後10年も経過し、室内でも室外でもさほど線量は変わらないが、1日の生活で

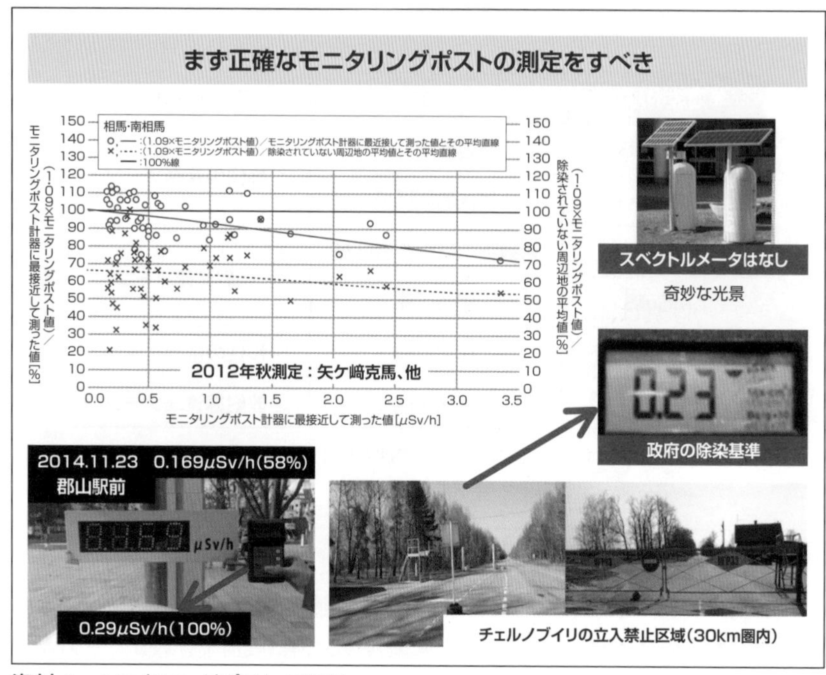

資料4　モニタリングポストの問題

1. **事故直後の対応**
   - ・被曝線量の把握の放棄
   - ・事故の真相の隠蔽・嘘の一元化(メルトダウン、3号機核爆発、など)
   - ・SPEEDI情報の非公開と隠蔽
   - ・人体表面汚染基準の引き上げ(13,000cpm⇒100,000cpm)
   - ・ラディオガルダーゼ®カプセルの配布禁止(資料6参照)
   - ・ガラスバッジの配布禁止⇒2年後に配布
2. **事故後〜現在の対応(被曝線量の問題)**
   - ・モニタリングポストで40〜50%引(空間線量の低減操作)
   - ・個人線量計で90〜95%引
   - ・内部被曝はゼロ査定(測定せず + 想定外)
   - ・Cs-137のクリアランスレベルは100Bq/kg⇒8,000Bq/kgレベル
3. **エセ科学的物語であるSvで評価する愚行**

資料5　福島原発事故後の政府・行政の対応のまとめ

は室内に16時間、室外に8時間いるとして計算し、0.23μSv/hであればよしとしているのである。「屋内の被曝率は屋外の4割、屋外に1日8時間いるとすると被曝線量は6割になる」という設定で0.23μSv/hと決めていることも「原子炉等規制法」違反なのだが、こんな騙し計算をして福島住民には、28年も経過したチェルノブイリの立ち入り禁止地域と同じ放射線量の地域に住まわせているのである。

私は福島に行く時は病院で校正した正確な測定器を持参し、モニタリングポストの値をチェックしたが、やはり低く操作されたインチキな値が表示されていた。**資料4左下**の写真は、郡山駅前のモニタリングポストと持参した測定器の値を比較したものである。モニタリングポストの表示値は0.169μSv/hであったが、私が持参した測定器では0.29μSv/hであった。私の測定器が正確で100%だとすると、モニタリングポストは58%となる。こうした表示値の低減操作を私は数台の測定器を使用して数カ所で確認している。体重100kgの人が体重計では58kgと表示されているようなものである。

このモニタリングポストの値が新聞に掲載され、公式な測定値として記録される。20年後、30年後に晩発性の放射線の健康被害が出現しても、全く被曝線量との相関が分析できないことになる。これはまさに被曝を福島県民に強いる棄民政策である。

10年間の政府・行政の原発事故後の一連の「棄民政策」を**資料5**に示す。事故直後の対応としては情報の非公開や隠蔽だけでなく、被曝線量の測定放棄と規制値の大幅緩和が特徴的である。

原発事故後に規制値を緩和した政府は、セシウム137(Cs-137)の体内汚染を少なくする薬剤の配布も禁止した。事故発生の数年前に放射線医学総合研究所(放医研)の治験により、薬事法を通して薬剤として認可されていたラディオガルダーゼという経口薬があった。事故直後に、放射性医薬品を扱っている某社がカプセル薬(ラディオガルダーゼ)を大量に緊急輸入して準備し、無償提供を申し出たが、政府は配布を許さなかった。この飲み薬は別名プルシアンブルーと言われるもので、体内に取り込んだCs-137を、腸管でイオン交換することにより、便として体外へ排泄させ、その約4割ほどが除染できる体内汚染除去剤である。こうした経口剤の配布ならばコストもかからず被曝線量を少なくするために有効であったのだが、政府にとっては国民の被曝などどうでもよかったのか、この配布は実現しなかった。それればかりか、内部被曝に対する対策は一切行われなかった。事故直後から棄民政策をとっていたのである。今からでもせめて原発事故の収拾に当たっている労働者に飲ませるべきなのだが、知識がないのか、全く考えられていない。

前述したモニタリングポストの問題ばかりではなく、個人線量計である「ガラスバッジ」の値を帰還政策の騙しの手段として使用していることも問題である。事故直後に当時の国立がん研究センター理事長の嘉山孝正氏が大量のガラスバッジを集めて配布しようとしたが、これも政務次官のレベルでストップがかかったのである。

しかし半減期2年のセシウム134(Cs-134)などが半減し、全体として線量が低くなった2年後に政府はガラスバッジを一部配布した。そしてその時点で測ったガラスバッジの数値が年間1mSvを下回っているから避難指示区域以外の地域では避難する必要は全くないと閣議決定し、数値が低いので安心して帰還してよいとする騙しの手段として利用したのである。日本の法律では「原子炉等規制法」で、住民の外部被曝線量は屋外の空間線量で判断すると規定されているので、この個人線量計の数値で評価することは法律違反なのであるにもかかわらず、それをよしとしたのである。

一般的なガラスバッジはα線やβ線の内部被曝は測れず、全方位からの放射線を正確に積算できる機器ではない。ガラスバッジは主に正面からの放射線を測定する構造の機器であり、また検出下限も大きいことから実際の被曝線量の5〜10%の数値となる。**資料6**にガラスバッジと空間線量率から算出した実効線量との関係を示すが、大幅な過小評価となるのである。

また、放射性廃棄物の基準は1kg当たり100ベクレル(100Bq/kg)であり、これ以上の汚染物は管理区域内に保管されなければならないが、法令基準を80倍に引き上げて8,000Bq/kgとした政府は今も放射性廃棄物を全国にばら撒き続けている。まさに総被曝国家プロジェクトが進行しているのである。

こうした隠蔽・偽装・ゴマカシの姿勢の他に、より根本的な問題がある。それは、放射線の人体影響の評価方法の間違いである。放射線の人体影響の評価の根拠となっているICRPの理論そのものが、核兵器製造や原子力政策を推進するために都合よく作成されたエセ科学なのである。ICRPの理論を基にとられた

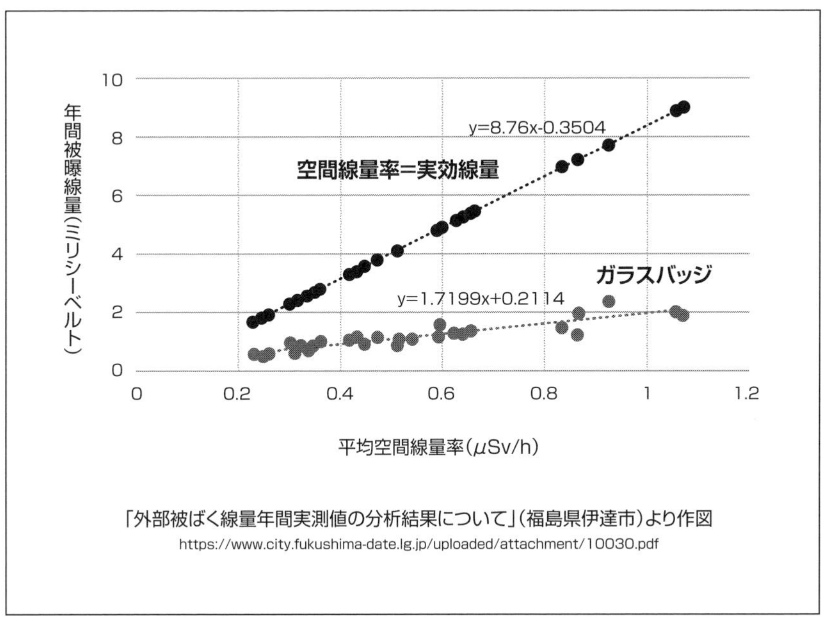

資料6　ガラスバッジによる被曝線量の過少評価

間違った政策の典型的な事例の一つが内部被曝の軽視・隠蔽であり、最近話題となっているトリチウムの海洋放出の判断に表れている。

内部被曝の線量を預託実効線量係数という全く実証性のない係数を使用して、限局した局所にしか放射線が当たっていなくても、全身化換算してシーベルト(Sv)という単位で人体影響を議論する——そのこと自体が実はエセ科学なのである。目薬は2〜3滴でも点眼するから効果も副作用もあるが、この2〜3滴を経口投与して全身の影響を評価しているようなインチキ計算なのである。

原子力ムラの犯罪

福島第一原発事故から10年が経過したが、健康影響については科学的な議論が全くなされていない。「絆」が強調されたり、都合の悪いことは風評被害とし、経済的地域再生だけを目的とした姿勢ですべての対策が進められ、放射線の健康被害に関してはICRPの報告を基にした情報で操作されているのである。

残念なことに放射線に関わる多くの医師が傍観者となっている。また一部の医師は御用学者となっている。放射線の人体影響に関する目安はICRP勧告が国際的に採用され、日本でもこれに沿って法体系が作られている。「国際放射線防護委員会」とはいうもののICRPは民間団体(NPO)であり、原子力政策を推進する勢力から膨大な寄付や利益・便宜を受けている機関なのである。そのため原子力政策を進めるためのエセ科学を操った物語を作り出して啓蒙し、国民を催眠術にかけているのである。このような原子力推進派のICRPやIAEA(国際原子力機関)の立場は、広島・長崎の原爆投下により得られたデータを根拠に、急性被爆モデルによる外部被曝のみを問題とし、内部被曝の問題を軽視することにしている。原子炉の保守・点検・修理・燃料棒の交換などの運転コストを下げ、放射性廃棄物処分の費用、原子力施設の廃炉などの費用を抑えるために、あえて内部被曝の健康被害を軽視する放射線防護体系を組み立てているのである。

一般的に一度事故を起こせば会社が潰れるような事業に手を出す会社はないが、政府は国策として、事故が起こっても会社が存続できるように電力会社には過大な支援を行っており、エネルギー政策の8割以上の予算を原子力政策につぎ込んでいた。電力会社を大スポンサーとするメディアも追随し、国民を安全神話と安価神話で「洗脳」していた。研究資金の援助や寄付金をもらっている学者はICRPを中心とした国際原子力ムラの代弁者となり、政府・行政側は御用学者を専門家とか有識者という名前で種々の委員会のメンバーとし、結論ありきでアリバイ工作的に会議を開いて原子力政策を行っている。原発立地地域の住民には原子力交付金という札束をばら撒いている。こうした強固な構造を作り上げて日本は原子力政策を推進してきたのである。**資料7**に日本の原子力ムラの構図を示すが、すべてはお金で結びついており、そこには人間としての見識も哲学も思想もなく、あるのは私利私欲だけである。

飲料水に関しては、福島第一原発事故後の1年間は暫定として200Bq/kgとしていたが、翌年4月からは10Bq/Lと20分の1にしている。しかし10年経とうとしているが「原子力緊急事態宣言」は解除されていないまま、国民に被曝を強いている。10年以上も続く緊急事態とはいったい何なのであろうか。

飲料水ばかりではなく食品の基準値に関しても、日本は厳しく規制しているという嘘のパンフレットを復興庁は作成し全国に配布している。これを受けて日本で最も多い販売部数を誇る読売新聞は社説で「民主党政権は、国際基準とかけ離れ

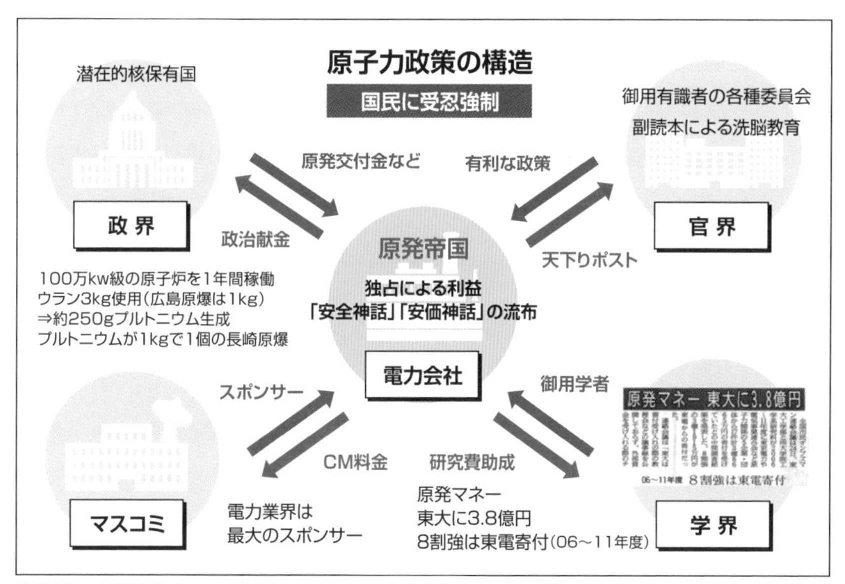

資料7　原子力ムラの構図

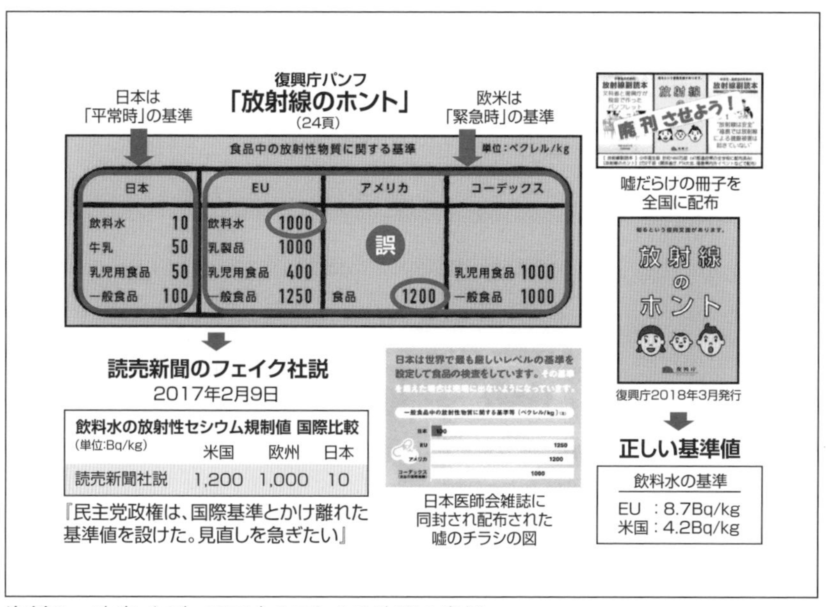

食品中の放射性物質に関する基準　単位：ベクレル/kg

日本		EU		アメリカ		コーデックス	
飲料水	10	飲料水	1000				
牛乳	50	乳製品	1000				
乳児用食品	50	乳児用食品	400			乳児用食品	1000
一般食品	100	一般食品	1250	食品	1200	一般食品	1000

飲料水の放射性セシウム規制値 国際比較
(単位:Bq/kg)

	米国	欧州	日本
読売新聞社説	1,200	1,000	10

資料8　政府・行政・原子力ムラによる洗脳の実例

た基準値を設けた。見直しを急ぎたい」と報じている。呆れるばかりである。

「嘘も百万回言えば真実となる」手法で、小・中学校の子どもたちに「放射線のホント」という嘘だらけの小冊子を配布し、安心・安全神話で洗脳教育を行っているのである。**資料8**に最近のその洗脳の実態を示す。この偽情報は日本医師会の会員に配布される月刊誌にチラシとして同封されている。放射線のことに疎い医師たちも洗脳されているのである。

放射性微粒子の取り込みによる健康被害を科学的に研究するのではなく、実効線量Svというインチキな単位で議論し、内部被曝の深刻さを隠す日本政府の姿勢は今も続いている。その典型が最近話題となっているトリチウムを含んだ汚染水の海洋放出の蛮行なのである。

第2章
放射線治療医として

はじめに

人間は社会的存在であり、生きている時代と社会(制度)に対応して生きるしかない。私は大学を卒業後、大学の医局には属さず、国立札幌病院・北海道地方がんセンターの放射線科に研修医として就職し、臨床一筋に生きてきた。一カ所の病院だけに在籍して医師人生を終えた極めてまれな経歴の人間である。2008年4月には院長職を拝命し、病院の経営も黒字化して5年間の院長職を終え定年退職した。

最初は、存在診断だけではなく、質的診断が可能な血管造影に興味を持ち、放射線科を選んだ。しかし、1974年春に発表されたCT装置の日本の1号機を翌年の秋に東京女子医大で見て、考えが変わった。CTで疾患の質的診断が可能な時代に突入し、医療情報もアナログからデジタルの時代に変わったのである。

就職した放射線科は51床(一般病棟47床+放射線管理区域内の小線源治療病床4床)の病棟を持ち、全道から患者さんが集まっていた。また、ホスピス施設などない時代であり、ターミナルの患者さんの緩和治療として紹介された放射線科病棟は常に満床であり、4人のスタッフで多い時は年間50〜70人の死亡診断書を書いていた。そしてCTの診断報告を書いても治療がダメなら診断の報告書は意味がなくなることから、「診断もできる治療医」になろうと目標を定めて努力した。

国立病院で高額な放射線治療機器の購入がままならなかったため、以前から保有していたラジウム-226(Ra-226)やセシウム-137(Cs-137)などの管状・針状線源を使用した低線量率小線源治療も行っていた。大学卒業後数年は有茎皮弁で再建する時代の耳鼻科領域の手術の助手も行っていたので簡単な外科的手技を身に付けることができ、小線源治療を行う上で大変役に立った。

土・日もなく、ただただ仕事だけの生活でしかなかったので、無趣味な人間となり、退職後は時間を持て余すと思っていたが、2011年の福島第一原発事故後は放射線の裏の世界・闇の世界を調べたりして時間を使っている。こうした生活の中で、現在感じていることを少し書きたいと思う。私は新人医師が来れば、一緒に診察して病巣局所の所見の図やスケッチを描くようにさせていた。頭頸部がんでは額帯鏡を使用した視診、子宮頸がんでは検診台に載せて内診して診察し、腫瘍の浸潤状態のスケッチを描いてもらい所見の擦り合わせを行った。しかし、今ではCT画像上で治療計画をするようになり、視診・触診が疎かになって

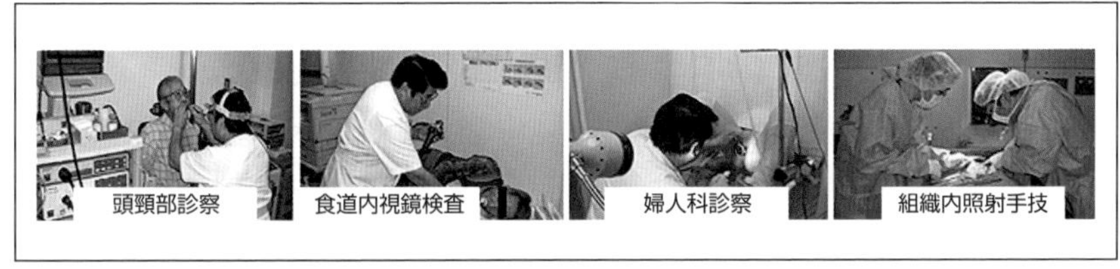

資料9　診察風景

いるようだ。

粘膜を張ったような病巣はCTで描出されるわけではないので、やはり治療計画をする場合も視診・触診をきちんと行って病巣の浸潤範囲を正確に把握する必要がある。こうした基本的な診察技術を持たなければ、どんなに治療機器が高精度化しても治療成績に反映しない。

電子カルテの時代となり、患者さんの病巣所見の図を見ることもなくなったが、病巣所見を把握し、他科医師とのカンファランスでも議論する必要があるし、照射期間中の腫瘍の照射への反応を見て、術前照射予定の患者さんも反応がよければ根治照射に切り替える判断も可能となる。反応を見て照射では局所制御が難しいと判断すれば切除に回すという判断もできる。こうした姿勢で臨床を心掛けていたため、T3喉頭がん例でも根治照射した治療成績は喉頭全摘手術例と同等の成績であった。**資料9**は私の診察風景であるが、人間が人間を相手にする医療では視診・触診が可能な部位はしっかりとした診察を心掛けるべきである。また気持ちは「誠意と熱意」を持って対応したいものである。

退職後にいくつかの施設からお誘いがあったが、机と椅子とベッドしかない外来診察室を見てお断りした。他科の医師は放射線治療医が具体的に視診・触診の診察をするとは思っていないようである。今では外来診察室には超音波診断装置も必須であり、聴診器代わりに使用する時代なのである。

放射線治療の高精度化には著しいものがあるが、小線源の組織内照射を行ってきた感触から言えば、最終的には何らかの判定方法を駆使して「腫瘍内強度変調放射線治療」の世界を目指すべきだろうと思っている。組織内照射した症例はほぼ局所制御できるが、とりあえずは視診・触診をもとに硬くてより多くの線量投与が必要と思う部位は線源を密に配置したりして治療していた。こうした治療では病巣と線源が同時に動くので4次元の治療と言えるが、腫瘍内の投与線量の強弱も加味して行うので私の目指す「腫瘍内強度変調放射線治療」は言わば5次元の治療と言える。これからのがん治療でも若い医師には診察のスキルを持って進歩した放射線治療技術を駆使できる臨床をしていただきたいと願っている。

なお日本の医学部は放射線治療学と診断学は放射線を使うという共通性で一つの講座となっている場合が多いが、先進諸国ではありえない話である。1970年代の日本では、診断と治療が別講座として分かれていた大学は1割の8校であった。50年経過した現在でも81医学部の中で講座が独立して分かれて医師の育成を行っているのは27校(27/81=33%)に過ぎない。

これは重大な問題であり、日本のがん治療のために早急に放射線治療医の育成が必要である。こうした医学部教育の問題も背景にあり、放射線治療が上手に有効に利用されていない日本のがん医療の現状を改善すべく、私は「市民のためのがん治療の会」(http://www.com-info.org/)の立ち上げに協力し活動している。これは2000年に舌がんT3の状態で東京から来院した患者さんが、あまりにも放射線治療の情報が市民向けに出ていないことを問題視し、がん治療の状況を改善するために活動を開始した患者団体である。

放射線治療を中心としたがん治療に関する情報提供を行い、さらに適切に放射線治療の選択が行われていない患者さんからのセカンドオピニオンを受け付けてアドバイスする活動も行ってきた。また、2011年3月の福島第一原発事故後は放射線の健康被害に関する情報も提供させていただいている。今年(2020年)で17年目を迎えるが、年4回発行してきた会報は通巻64号まで刊行し、2019年末に休刊とした。ただホームページ上での情報提供は続けている。

また3年前に出版した『患者よ、がんと賢く闘え!』(旬報社)も参考としていただきたいが、ここでは日本のがん医療や放射線治療の問題や課題を論じるとともに、放射線の闇の世界についても論じている。

医学の教科書の内容となっている民間団体であるICRP(国際放射線防護委員会)の放射線防護学は核兵器製造や原子力政策を推進するために作られたエセ科学的物語であり、科学とは到底言えないものであることに医師も診療放射線技師も気付くべきである。ICRPは内部被曝を全く過少に扱っている。このICRPの外部被曝と内部被曝に関するインチキをたとえると、「外部被曝と内部被曝の違いとは、外部被曝がまきストーブにあたって暖をとることで、内部被曝はそのストーブで燃え盛る"まき"を小さく粉砕して、口から飲み込むこと」——ということになる。どちらが危険かは猿でもわかる話である。

また、原発事故後の問題として、健康被害の本態は第6章で述べる「長寿命放射性微粒子の体内取り込み症候群」によるものであるが、こうした内部被曝の評価として全身化換算したインチキな実効線量シーベルト(Sv)という単位で議論することも愚行としか言いようがない。ICRPの理論に基づくSvの計算では、放射性物質が近傍の限局した局所の細胞にどのくらい当たっているかではなく、全身化換算するため超極少化した数値となるからである。目薬は眼に滴下するから効果も副作用もあるのであり、それを全身化換算しても意味はない。私が関わってきた放射線治療の歴史はがん病巣にだけ放射線を照射する工夫の歴史である。放射線は基本的に被曝部位しか影響がないのだ。内部被曝を全身化換算することはできないのである。フェイクサイエンスで書かれた教科書を盲信するのではなく、論理的に考えて、医師も診療放射線技師もICRPの催眠術から覚醒してほしいものである。

放射線の基礎知識

ここで放射線について少し基本的なことを述べよう。放射線は電磁波の一つだが、電磁波の波長によってさまざまな特性を持っている。ラジオで使っている波長から、携帯電話の波長までいろいろある。電磁波は目に見えないものだが、唯一人間の目で見える電磁波の波長がある。それは赤外線と紫外線の間の波長で、雨が降った後の虹である。これが唯一の可視光線としての波長だ。

ところで、一般に放射線被曝と言うと医療用放射線からの被曝を考えがちだが、実は人類は生きているかぎり、自然放射線を浴び続けている。空気中のラドンや、大地や宇宙からの放射線である。高いところを飛ぶと宇宙からの放射線の量が増え、たとえば飛行機で東京－ニューヨークを一往復すると0.19ミリシーベルト(mSv)被曝すると言われている。しかしこれは避けようがない。長い人類の歴史の中で、こうした自然放射線に人類は順応してきた。世界平均で一人当たり年間2.4mSv被曝しているとされている。

さて、医療による被曝の問題では、日本は人口比で言えば世界一放射線機器が多く、医療被曝が多い国で、年間一人当たり約3mSv以上被曝していると言われている。したがって、自然放射線と合わせて、一人当たり約5mSv/年前後の放射線を浴びていることなる。しかしこの推定されている被曝線量は、主に一過性に突き抜ける外部被曝を、インチキ単位であるシーベルト(Sv)で表現されている——ということにも留意する必要がある。では、放射線は人体へどのような影響を及ぼすのだろうか。そのことについて述べていこう。

まず知っておいていただきたいのは人体の臓器には、放射線によって影響を受けやすい臓器と受けにくい臓器があるということである。これを放射線感受性と言う。

細胞や臓器の放射線感受性については「ベルゴニー・トリボンド(Bergonie-Tribondeau)の法則」という放射性生物学の最も基本になっている法則がある。その内容を**資料10**に示すが、放射線感受性は、①細胞分裂が盛んなもの、②増殖力、再生能力が旺盛なもの、③形態及び機能の未分化なものほど高い——というものである。この原則を臓器に当てはめて考えてみると、骨髄、精巣、腸管、皮膚、水晶体などが分裂の盛んな細胞再生系の臓器である。つまりこの原則では、最も影響を受けるのは受精卵や胎児である。このため流産・死産・先天障害の発生につながるが、深刻すぎるので、放射線被曝に関するICRPの姿勢は隠蔽と過少評価に徹するものとなっている。

また重要な点は、ICRPは放射線の影響が出るのは、ある一定以上被曝した場合、全員に発生する確定的な障害(非確率的な障害)と、ある確率で発生する確率的な障害に便宜的に分けている。確定的影響は閾値(しきいち)(物事の境目となる値)があるとされ、一定の高線量を被曝した場合は、全員に生じるものである。しかし一般に、このような症状を呈するほどの大量の被曝を全身に受けることは事故でもなければ起こらない。

骨髄が閾値以上の放射線を被曝すると、骨髄機能は低下する。骨髄の中では幹細胞から新しい血球成分である赤血球や白血球や血小板が作られている。これらの血球成分は3〜4カ月の寿命であるが、骨髄から新しい血球成分が供給されて、バランスを取っている。そのバランスが閾値以上の被曝で崩れるのである。

また、腸管、特に小腸の上皮は2〜3日で入れ替わっている。精巣では精子が盛んに作られ、皮膚も表皮は入れ替わっている。また水晶体も眼の透明性を

細胞の放射線感受性に関するBergonie-Tribondeauの法則

- 細胞分裂が盛んなものほど
- 細胞分裂の期間が長いものほど(増殖・再生能力が旺盛なものほど)
- 形態的および機能的に未分化なものほど

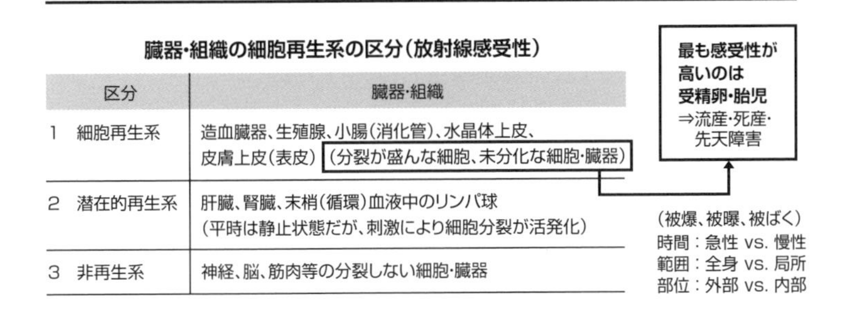

臓器・組織の細胞再生系の区分(放射線感受性)

区分	臓器・組織
1　細胞再生系	造血臓器、生殖腺、小腸(消化管)、水晶体上皮、皮膚上皮(表皮)(分裂が盛んな細胞、未分化な細胞・臓器)
2　潜在的再生系	肝臓、腎臓、末梢(循環)血液中のリンパ球(平時は静止状態だが、刺激により細胞分裂が活発化)
3　非再生系	神経、脳、筋肉等の分裂しない細胞・臓器

資料10　放射線感受性に関する基本的な原則と各臓器の感受性

保つためにどんどん新しい細胞に替わっている。そうでなければ、流れのない川が澱んでくるのと同様に水晶体も混濁して白内障になってしまう。卵巣は未熟な卵子が貯蔵されている臓器であり、未熟な細胞ほど放射線の影響を受けやすいという原則に当てはまる。したがって放射線をたくさん浴びると、男性も女性も生殖能力が損なわれるわけである。

しかし、実際には**資料10**で示すように臓器ごとの感受性だけではなく、①急性に被曝するか慢性に被曝するかにより影響は異なる。例えて言えば、お酒一升を一晩で飲むか、1カ月で飲むかで酔い方が異なるようなものだ。また、②全身被曝か局所被曝かで全く影響は異なる。ICRPの主張では7Svの全身被曝が致死線量とされている。しかしがんの放射線治療ではその10倍の線量を病巣に照射するが、死ぬことはない。さらに言うと、③外部被曝か内部被曝かにより影響は異なる。同じエネルギーを受けるとしても外部被曝と内部被曝では付与されるエネルギー分布が全く異なるため、危険度は異なるのである。だがICRPの理論では、これもSvに換算してうやむやにしているのである。さらに、この実効線量シーベルト(Sv)という単位は、確率的影響の中の致死的発がんの確率リスクだけの因子を評価項目として算出されている。これでは不十分なのである。

1999年に起こった東海村の原子力事故で被曝した作業員の経過を考えれば理解しやすいと思う。まず障害を受けるのは腸管で、下痢・嘔気・嘔吐などの消化器症状が出る。腸管からの吸収が妨げられて、体液や電解質バランスが崩れて生命を脅かすことになる。だから被曝したらまず補液をして体液バランスを調整しなければならない。腸管がなんとか回復しても、今度は骨髄への影響が現われ、3～4週後に血球成分が減少する。このため、貧血や白血球減少による免疫力低下や出血傾向が生じ、重篤な場合は死に至る。

これらの放射線の影響は急性期のものであるが、閾値以下でも実際に体は多かれ少なかれ影響を受け、命取りとならなくても長い経過の中で臓器の機能低下や軽度の異常が生じる。放射線は血管内皮細胞に作用して、血流障害などを引き起こす要因となり、循環器系の疾患やその他の種々の慢性疾患も生じる可能性がある。教科書的には閾値以上の被曝だけが問題とされているが、実は閾値以下でも生体には影響があるのだ。また、放射線の影響としては低線量でも数年後に発生する晩発性の影響があり、ある確率で発がんや染色体異常等をきたす。これは確率的な影響と言われる。

ここまでの話は、全身に被曝した場合の話である。放射線治療ではがん病巣とその周囲にしか照射しないため影響の程度は大きく異なる。基本的には放射線をかけた部位や臓器にしか放射線の影響は出ない。がん細胞は分裂が盛んになっている細胞集団であるから、正常細胞よりも放射線感受性が高いのである。正常細胞よりもがん細胞が先に影響を受けるため放射線治療が成り立つのである。

治療方法としては、がん細胞を死滅させるだけの大量の線量を限局した病巣局所に照射する。そのため放射線治療をすると、照射された部位に応じて症状が出る。腹部や骨盤に照射すると下痢をしたりするのはこのためで、照射中の急性期の副作用が出るのである。しかし、実際には一般にそのような副作用を出すような照射は行われることはないので安心していただきたい。

いろいろな臓器からいろいろなタイプのがんが発生するが、一般的には発生したがんの放射線感受性は発生した臓器の感受性とほぼ相関している。骨髄から発生する悪性リンパ腫などの血液のがんは放射線が効きやすいし、精巣から発生した睾丸腫瘍なども放射線治療がよく効くのである。逆に細胞分裂をほとんどしなくなった成人の脳や筋肉や骨の細胞から発生した脳腫瘍や肉腫などは放射線が効きにくいということになる。

ところが、がんの7割以上を占めるのは、扁平上皮がんと腺がんというタイプの組織型のがんである。皮膚がんとか食道がん、肺がんの1/3、子宮頸がんというのは主に扁平上皮がんで、耳鼻科領域のがんもほとんど扁平上皮がんである。腺がんというのは胃がん、乳がん、肺がんの1/3、膵がん、腎臓がん、前立腺がんといったタイプのがんである。これらの扁平上皮がんや腺がんを治すためには、60〜70グレイ(Gy)の放射線量が必要である。ところが正常組織が放射線でダメージを受けるのも同じような線量なのだ。そこに放射線治療の難しさがあり、副作用を起こさないでがん病巣にだけ絞り込んで、周辺の正常組織にはできるだけ放射線が当たらないよう工夫をして放射線治療を行うのである。**資料11**に放射線治療で腫瘍を制御するために必要ながん腫別の線量を示す。

放射線の副作用に関しては、障害とか後遺症とかさまざまな言い方がされているが、最近では、抗がん剤の副作用と同じ言葉で表現され、有害反応とか有害事象という言葉が使われている。しかし言葉はどうであれ、肝心なことは、放射線の副作用は時期により大きく分けて二つあるということだ。一つは急性期の有害反応で、これは照射している時や照射終了前後の反応であり、簡単に言えば放射線による炎症反応である。皮膚を例にとれば、線量が増加すれば、発赤し、さらに日焼けのように黒ずんできて乾性皮膚炎となり、さらに線量が多い場合は、皮がむけて糜爛状になり湿性皮膚炎となる。

しかし、この急性期の有害反応は時間が経てば確実に治る。それよりも数カ月から数年して発生する晩発性の有害事象が問題となる。外科治療後の傷の周辺は線維化し、強い場合は瘢痕化するが、それと同じように放射線も照射した部位に同じような組織変化が起こる。ただ、外科治療だったらメス一本の切開した線の周囲だけだが、放射線治療というのはある範囲の体積が被曝しているので、もっと広い範囲や深さで線維化し、強ければ瘢痕化する。そして正常組織の耐容線量以上に照射すれば、瘢痕化した組織の血管が狭窄し、また閉塞するために血流障害が生じる。

そのため血流の悪い部位に潰瘍が起こったりすることになる。これが晩期の障害である。晩期の有害事象は照射してから、1〜3年後以降に起こる反応で、こ

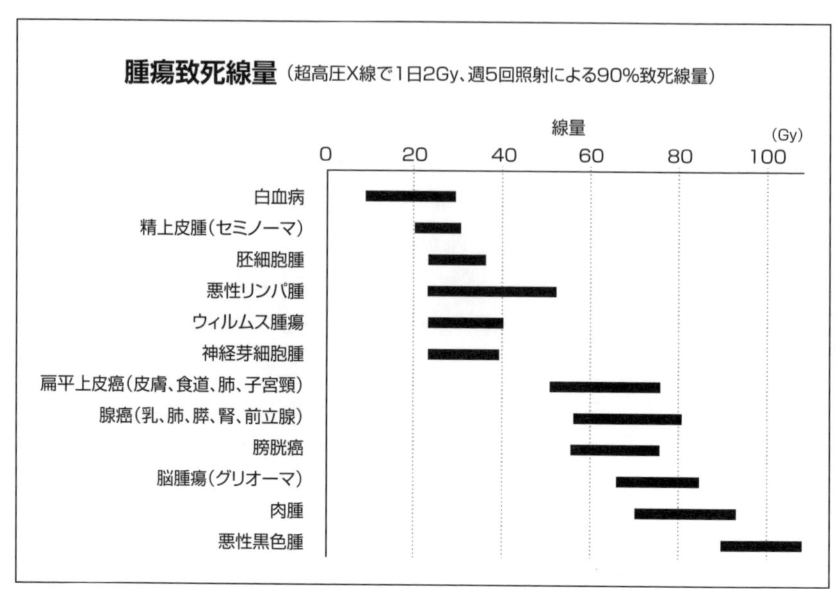

資料11　種々のがん種の局所制御線量

の組織変化は改善しない。このように放射線の副作用は治る急性期の反応と、治らない晩期の有害事象があり、放射線治療では晩期の副作用を起こさせないでがんを治すことが課題となる。

さて、晩期の副作用について、子宮頸がんの治療を例に考えてみたい。子宮頸がんのⅢ期は骨盤壁にまでがんが浸潤している状態なので、標準治療として手術はできない。手術しても完全に取りきれないので手術での治療成績は5年生存率が極めて低いものとなる。しかし、放射線治療では約60%の患者さんが治る。ただ、放射線治療では稀に直腸障害が発生する。治療後1～3年後に子宮頸部の後ろにある直腸粘膜がただれて血便が出ることがあるのである。多くは一過性で半年から1年程度で改善するが、重篤な場合は1～2%前後の人には人工肛門の造設が必要になる。このため放射線治療はリスクが高いと思われる方もいるかもしれないが冷静に考えてみてほしい。50%以上の患者さんのがんは治るのである。そして放射線障害は、長生きしているから生じるのである。もしがんが治らなければ、子宮頸がんが周囲の組織に浸潤し、いろいろな症状を起こすことになる。前方にある膀胱に浸潤して血尿などのトラブルが起き、また後方の直腸にがんが浸潤して排便のトラブルや血便が起こる。そのために、がんが治らなくても、死ぬまでの期間に人工肛門造設や尿路変更の手術が必要となる。しかし治った患者さんのうち100人に1人でも人工肛門を作れば、放射線治療が悪者にされることになるのである。冷静に考えると、それ以外の人は治っているわけだから、放射線の副作用に対する理解不足といえる。

100%安全で得をする治療法などはない。がんを治すという利得と、数%の放射線治療による有害事象という損失を天秤にかけて、許容できる常識的な範囲で放射線治療は行われている。手術にもリスクはあり、術後に後遺症を残す人もいる。「くすり」は左から読めば「薬」だが、右から読めば、「リスク」である。

放射線治療の進歩

放射線治療の照射線量は、腫瘍の制御確率と、晩期障害の発生確率を天秤にかけて最も合理的と考えられるバランスで決められる。そこでこの腫瘍制御率を高め障害発生率を低くするために放射線治療では、腫瘍周囲の正常組織にはできるだけ照射せずに、腫瘍にだけ照射する——というのが原則である。

NASAの宇宙開発で急速に進歩したコンピューターテクノロジーは20〜30年のタイムラグを経て医学分野にも大きなイノベーションをもたらした。その恩恵を最も享受しているのが放射線科の診断と治療である。物理工学とコンピューターテクノロジーの進歩によって実現した。しかし、科学や医学の進歩を効率的・合理的に社会に還元する哲学と政策が欠如しているために、日本ではがん患者にとっては不幸なことに放射線治療体制は先進国の中で最も遅れた状態となっている。

直線加速器(リニアック)を中心とした外部照射技術はがん病巣周囲の正常組織を避けて、腫瘍にだけ限局して集中的に照射することが可能となっている。多方向から病変に絞り込んで照射するいわゆるピンポイント照射である。最近のコンピューター技術と治療機器の進歩により、高精度で腫瘍にだけ照射する技術が普及し、20年前とは様変わりしているのである。小さな肺がんも多方向から定位的に肺病巣に集中的に照射することにより、治癒率は向上した。定位放射線治療技術は脳疾患や小さな肺がん、肝がんには保険診療として行われている。

さらにコンピューターで計算をして、放射線をさまざまな方向から、線量強度を変えて障害の発生を極力抑えながら、最終的にがんの形に即した範囲にだけ絞り込んで照射する強度変調照射法(IMRT；Intensity Modulated Radiation Therapy)という方法も行われている。

強度変調放射線治療はコンピューターの最適化技術を利用した逆方向治療計画(Inverse planning)で不均一な強度の放射線束を組み合わせ、標的に最適に照射する3次元原体照射法であるが、この照射技術も2005年4月の診療報酬改定で保険診療として認められることになった。また腫瘍の位置を追跡・確認して照射する画像誘導放射線治療も行われている。人工頭脳を使った巡航ミサイルの追尾システムの技術と産業用ロボットアームを合体して、動きのある腫瘍を追尾して照射するサイバーナイフという治療機器も使われている。

100年以上前から行われていた低い放射能の小線源を使った低線量率小線源治療は、放射線治療の中で最も治療効果の高い照射方法であるが、医療従事者が被曝するという難点や診療報酬の低さのために多くの施設は廃止してしまった。代わって術者の被曝がない遠隔操作式の高線量率小線源治療装置(RALS；remote after-loading system)が普及している。子宮頸がんの放射線治療は外部照射と小線源による腔内照射を組み合わせて行うことが標準治療であるため、RALSなしには標準的な治療はできず、必須の治療装置となっている。この治療に用いる装置にはイリジウム線源(Ir-192)とコバルト線源(Co-60)が使われているが、その線源の外径は1.1mmと非常に細く小さいため体内のいろいろな部位の治療に用いることができる。しかし、このRALS装置は「がん診療連携拠点病院」の約半数の施設しか保有していないのである。

2002年末にはヨウ素(I-125)粒子状線源の使用も可能となり、前立腺がんの永久組織内照射もできるようになった。増加している前立腺がんの治療において、低悪性度の場合はI-125線源の組織内照射が治療効果が高く、保険診療として認められた標準治療の一つとなっている。

しかし、現実には高精度の外部照射技術と小線源治療が可能な施設は決して多くはない。また、粒子線治療施設も増加した。確かに線量集中性のよい粒子線治療は放射線治療のアドバルーン的な目玉となる新たな技術であるが、粒子線治療の普及にはまだ時間がかかりそうである。

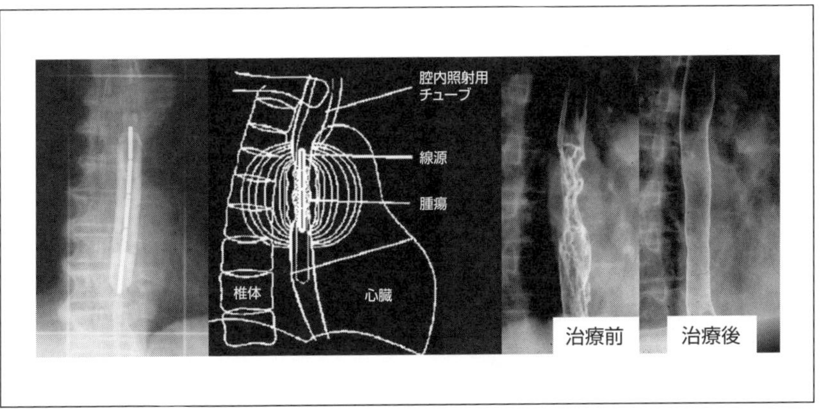

資料12　ラジウム管状線源を利用した食道がんの治療

内部被曝を利用した治療の実例

最後に、私がライフワークとしてきた低線量率の小線源治療例を示す。放射線は当たっている部位にしか影響が出ないことが理解できると思う。小線源治療は治療部位により、管状線源、針状線源、粒子状線源、ワイヤー状線源を使い分け、線源中心から5mmの距離の吸収線量グレイ(Gy)を計算して投与線量とし治療する。シーベルト(Sv)というような単位は全く使用しない。私はこうした医療現場で内部被曝の線量を計算しながら仕事をしていたため、Svという単位が全くインチキであることを実感している。

資料12はラジウム-226(Ra-226)管を縦に5本配列して外径1cmの胃洗浄用チューブ内に留置して食道の腔内照射を行った治療の写真と見取図である。1cmの太さのチューブを使用しているため、線源中心から5mmの距離は、食道粘膜表面での吸収線量で投与線量を決めていることになる。放射線治療も外科治療と同様に局所治療法であり、がん治療においてはまず原発巣を制御することが大前提である。そのため、食道原発巣に多くの線量を投与する方法として試みたものである。この治療を1970～1980年代に200例以上行い、中程度以上進行した食道がんで5年生存率は20～25%を得ることができた。これは全国の放射線治療成績10%前後を大きくしのぐ良好な治療成績であり、当時の外科治療成績とほぼ同等であった。

資料13はセシウム-137(Cs-137)を封入した針状線源を舌がん病巣に刺入する組

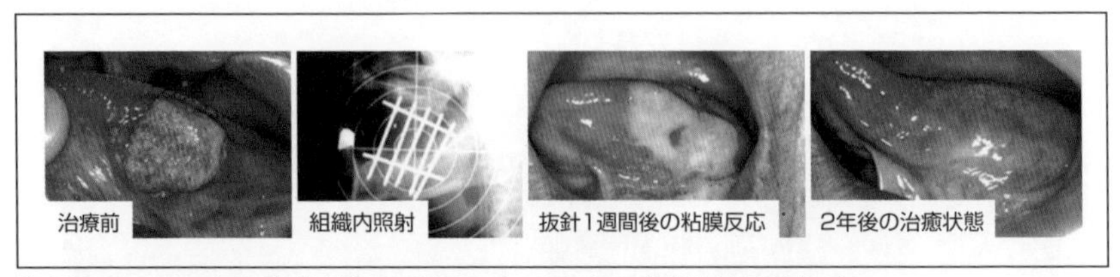

資料13　セシウム針状線源を利用した舌がんの組織内照射治療

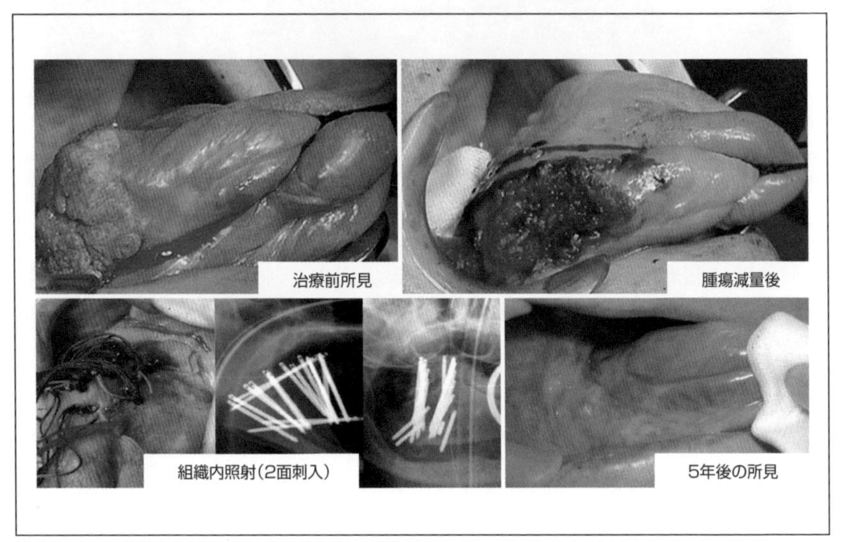

資料14　進行舌がん（T3）に対する減量切除後の組織内照射例

織内照射という方法で治療した症例である。Cs-137は30年の半減期であるが、まずβ線崩壊し、Ba-137mとなり、その後にγ崩壊して安定なBa-137となる。このため尿測定などでγ線1ベクレル（Bq）検出されれば、体内では実際にはβ線1Bqとγ線1Bqの合計2Bq被曝しているのである。

Cs-137針はCs-137の粉末を白金イリジウムで被覆し針状にしたもので、この被覆によりβ線を遮蔽し、γ線だけを取り出して照射している。2cm程度の腫瘍の周囲に7本のCs-137針を刺入し照射している。

抜針1週間後の粘膜は照射による粘膜炎が強度となり白苔が出現している。刺入部位の周囲にしか反応は出ておらず、透過性の高いγ線治療でも線源の周囲にしか被曝影響は出ないのである。

この症例はCs-137針線源から5mm外側の範囲に60Gy/5日間照射し治癒している。内部被曝の計算は被曝している部位や細胞集団の線量で評価すべきなのである。全く被曝していない全身の細胞まで含めて全身化換算するICRPの内部被曝の計算では局所の人体影響は解明できないのである。

このようなICRPの計算方法では内部被曝の線量は本当に当たっている細胞集団の数万分の1～数十万分の1の線量となる。内部被曝の線量を全身化換算して、なおかつインチキな実効線量シーベルト(Sv)に換算することが如何に無理なのかを知るべきである。

資料14はより進行した舌がん例であるが、この組織内照射はほぼ確実に局所制御できるので、外向発育型に増大した腫瘍部位を切除し、減量後に線源を留置し治療した例である。これにより、使用線源本数を減少でき、有害事象の発生のリスクも軽減できるのである。この症例はCs-137針線源から5mm外側の範囲に60Gy/120時間照射し治癒している。

また**資料15**は、29歳の子宮頸がん(Ib期)の女性が結婚予定で、子宮全摘を拒否し、困り果てた婦人科医から相談されて、やむなく妊孕性を保存するために組織内照射を行った症例である。子宮頸部の腫瘍にCs-137針を15本刺入して組織内照射を行った。2年後にお子さんを産むことができた。放射線は被曝した部位しか影響を受けない典型例である。

資料16はゴールドグレイン(Au-198)という粒子状の線源を使用した口腔底がんの症例である。33Gy/15分割/3週の外部照射を行い、腫瘍の凹凸を少なくしてから、歯科医に型(プロテーゼ)を作ってもらい、そのプロテーゼの上に2.5×0.8mmのAu-198というγ線を出す粒子状線源を12個配置して瞬間接着剤(アロンアルファ)で固定し、放射線管理区域内の病室で4日間装着して生活してもらい治療したものである。

食事は常食を食べて食後に口をゆすいで、また線源が固定されているプロテーゼを挿入し腫瘍に密着して照射する治療であるため、高齢者でもできる治療である。口腔底の3枚の写真の真ん中の写真は治療後10日目の粘膜炎の所見である。照射により反応が起こっている部位が粘膜炎を起こしている。右上の写真はこの粒子状線源を20秒間、1分間、3分間フィルム上に置いて現像したものである。

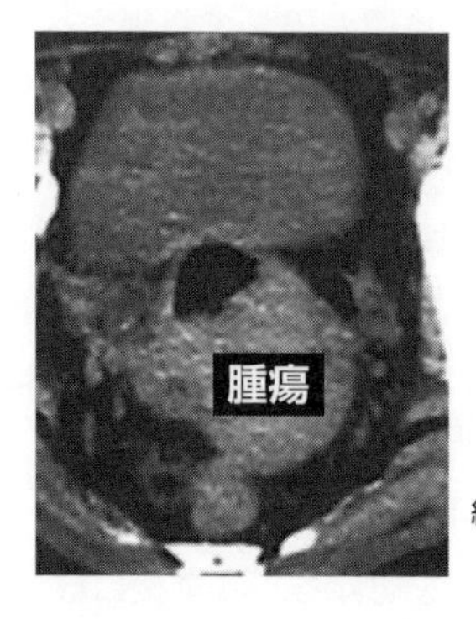

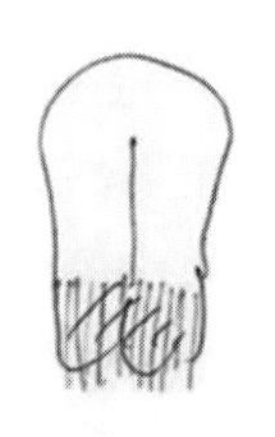

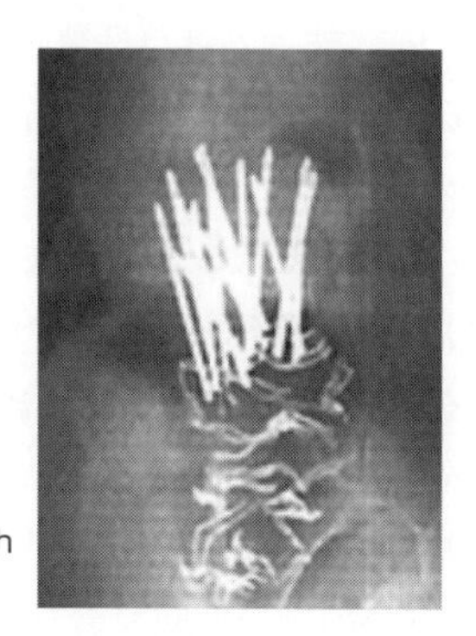

資料15　妊孕性を保存した子宮頸がんの組織内照射例

4個置けば照射範囲は広がる。この治療例を見ると、空気中に浮遊している放射性微粒子が呼吸する過程で鼻粘膜に付着すれば、鼻血も出ることを理解できるだろう。線源を扱うために医師自らも被曝し、それでいて儲からない小線源治療の医師は今やほとんどいなくなったが、小線源治療は放射線治療の中でも最も局所制御率の高い治療法なのである。

資料17は、最も放射線感受性が低く、通常の方法では放射線治療の適応とならない悪性黒色腫の症例である。この治療も口蓋を覆うプロテーゼに30個のAu-198線源を配置して密着させ、**資料16**の症例と同様な方法でモールド治療したものである。61歳女性の口蓋悪性黒色腫に対して、線源から5mmの距離で101Gy照射した。そんな職人技のような治療でも診療報酬は2万円で、治療期間は7日間である。

照射後1カ月後の口蓋にはまだ黒色の変化は残存しているが、徐々に消失し、1年後には左側硬口蓋の一部にだけ黒色の変化が残っている(左下写真)。この腫瘍の変化を見れば、放射線照射による細胞死は「突然死」ではなく、照射により傷ついた細胞が分裂能力を失って徐々に死滅する「分裂死」であることがわかる。この現象を逆に考えれば、正常な細胞が被曝して傷ついた場合、数回の分裂過程で最終的に死滅したり異常をきたすことがある——ということを意味しているのである。

資料18は、喘息の持病があり、全身麻酔ができない84歳の女性の写真で、火傷後の皮膚瘢痕がんである。外科医は3回手術したが制御できずにギブアップして私のところに紹介されてきた症例である。50Gy外部照射して凹凸をなくしてから、イリジウム-192（Ir-192）のワイヤー状線源で30Gyの組織内照射を追加して治療した。**資料17**の症例と同様に外科治療ではギブアップした多くの症例をこうした小線源治療で救済することができたのであるが、今では儲からない治療のため線源の供給もなくなった。

資料19は、胸膜にまで浸潤した超進行乳がん例で切除治療不能で紹介されてきた症例だが、50Gyの外部照射で腫瘍を縮小させてから、超音波装置を使用して肺に刺さらないように注意してIr-192ワイヤー状線源を2面刺入して組織内照射を行い治療した症例である。

こうした小線源治療例は、いずれも放射線を使った内部被曝を利用する治療法である。放射線が線源近傍の限局した範囲にしか影響はないことを実例として示すために紹介してきた。内部被曝まで全身の影響を評価する実効線量シーベルト（Sv）を使用して議論することが如何にインチキかが理解していただけたのではないかと思う。

もう一つ内部被曝の治療法について言及しておけば、放射性物質を投与する内用療法もある。私は多くの骨転移の疼痛除去のため外部照射による治療を数多く行ってきたが、骨転移部位が多発している症例も多く、患者さんの負担も大きくなるので、造骨活性の強い骨転移部位に集積する半減期50.5日のストロンチウム-89（Sr-89）を静注する治療も多用していた。この放射性医薬品を使用するに当たっては、骨転移しやすい疾患を多く扱っている他科の医師に協力を求めて治験を行い、結果を論文化して薬事法を通過させることで2007年に日本でも使用できるようにできた。

資料20ではSr-89による骨転移の除痛効果の説明を示した。骨転移の診断のために投与されたテクネチウム（Tc-99m）が取り込まれている部位に一致して静注されたSr-89も集まり、そこでβ線を出してがん細胞を叩いて疼痛を緩和することができるのである。骨転移の疼痛に対して麻薬系鎮痛剤の副作用で悩むことなく、外来で静注すれば約3カ月程度は除痛効果が持続し、疼痛が再燃すればまた注射できるのである。

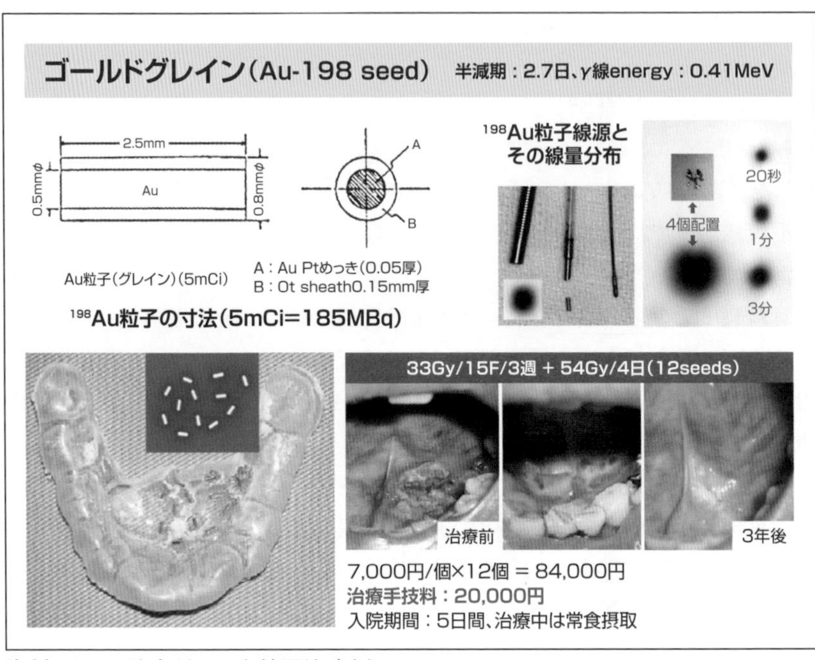

資料16　口腔底がんの小線源治療例

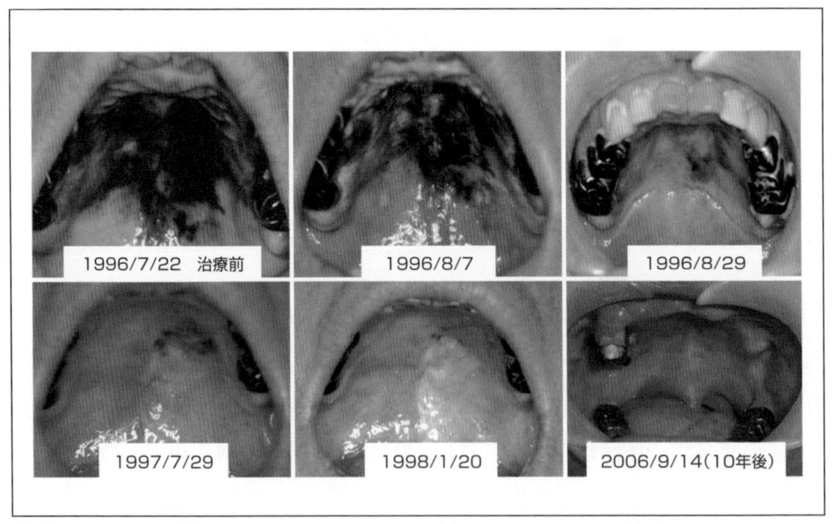

資料17　口蓋悪性黒色腫に対するAu-198線源によるモールド治療

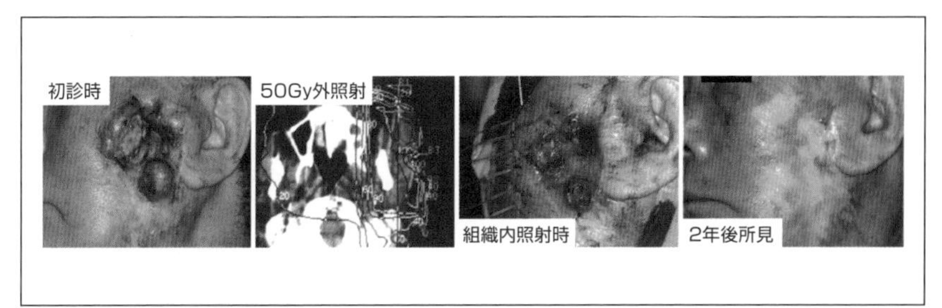

資料18　Ir-192 ワイヤー状線源による治療例

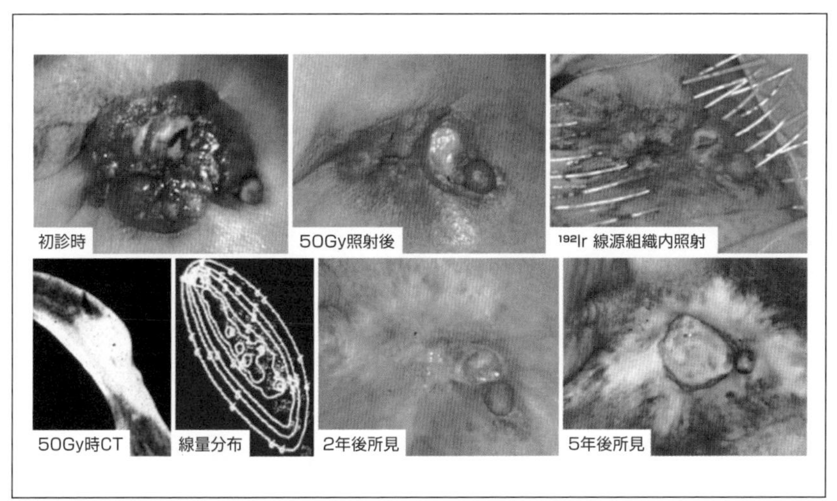

資料19　乳がんに対するIr-192 ワイヤー状線源による治療例

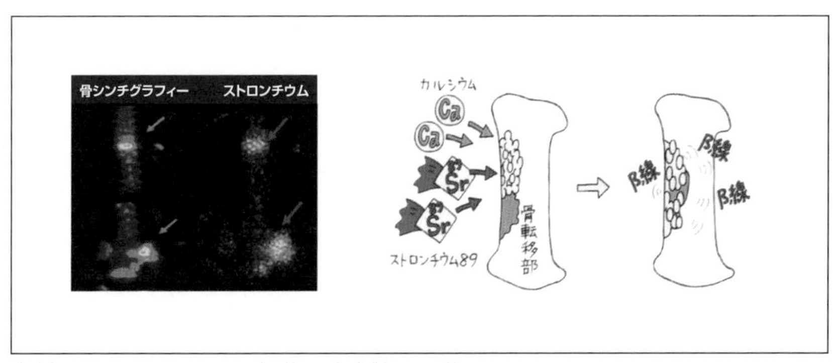

資料20　Sr-89による骨転移の除痛効果の説明

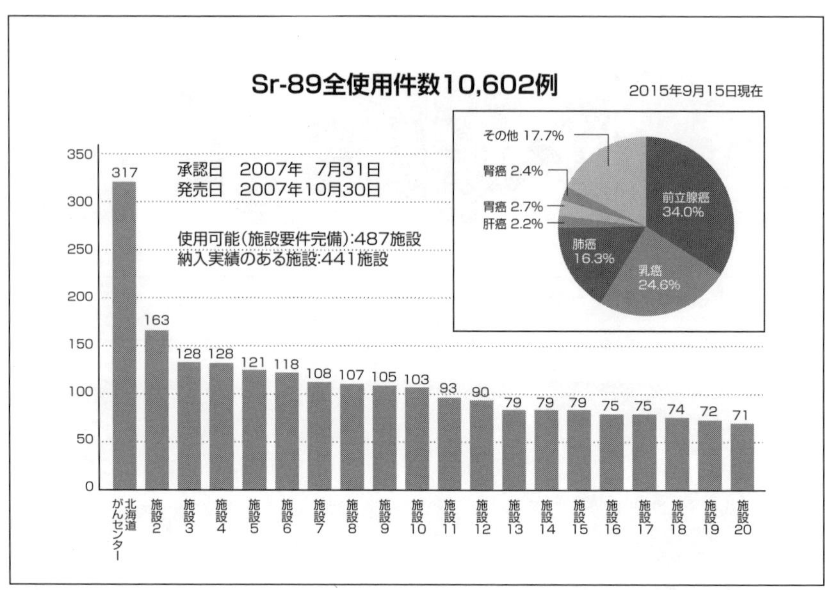

資料21 放射性医薬品Sr-89の使用件数(全国トップ20施設)の実態

資料21では2015年当時のSr-89の全国の使用件数の多い施設を示した。発売して8年弱で約1万人にしか使用されておらず、おそらく骨転移症例の2〜3%前後の症例にしかSr-89は使用されていなかったと推測される。実際に使用件数の多い原疾患は、前立腺がん、乳がん、肺がんなど、骨転移頻度の多い疾患が中心であった。

このSr-89の使用量は北海道がんセンターが全国一であったが、全国的に見ればSr-89の使用量は少なく、2018年末で製造供給は中止となった。どんなによい治療でも儲からなければ消失するのである。

この問題は、他科の医師たちが放射線に関する知識が乏しいばかりでなく、放射線治療医の院内での発言力がないことをも意味するが、その他にも診療報酬上の問題も絡んでいる。大きな施設でアイソトープを扱える施設ではがんの一次治療は行っても、再発や転移した二次治療例は関連した小施設に紹介することも多い。そうした施設ではアイソトープを扱える設備がないためSr-89を投与するチャンスが失われるため、適応があっても使われていなかったのである。なおSr-89の問題は「市民のためのがん治療の会」のホームページ(No.385「放射性医薬品

Sr-89の販売中止について」http://www.com-info.org/medical.php?ima_20190219_nishio)を参考としていただければと思う。

40年近い臨床の場でつくづく感じるのは、どんなによい治療法でも儲からない治療法は消えるということである。医療も経済原則の中で動いているのである。

第3章

閾値(しきいち)とICRPの数値の欺瞞性

はじめに

前章で述べたように私はがんを放射線で如何に治すかという放射線の光の世界(表の世界)に身を置き、ラジウム-226(Ra-226)、セシウム-137(Cs-137)、ゴールドグレイン-198(Au-198)やイリジウム-192(Ir-192)などの線源を手で取り扱う低線量率小線源治療も多用してきた。これは患者さんにとっては内部被曝を利用した治療である。

そのため術者の被曝は避けられず、今となっては「馬鹿かお人好し」しかしない治療法となり、絶滅危惧種の治療法となっている。しかし、この低線量率小線源治療は放射線治療法の中で最も局所制御率が高い照射法である。また、私は骨転移の疼痛緩和治療としてストロンチウム-89(Sr-89)(商品名:メタストロン注)を日本で最も多く使用してきた。こうした内部被曝を利用してきた経験から、放射線の影の世界(裏の世界)について考察したのが本章である。

2011年3月11日の福島第一原発事故後の政府・行政の科学的根拠のない対応は、放射線の健康被害について根本的な視点から考える機会となった。その考察を通じて私が突き当たったのは、現在、国際的に放射線防護体系として流布されているICRP(国際放射線防護委員会)の理論には科学性がなく、原子力政策を推進するために修飾されたエセ科学的な物語であるという事実だ。医療において放射線を利用してきた経験と実感を通じて、原子力政策を推進するために活動している民間団体である国際放射線防護委員会(International Commission on Radiological Protection、ICRP)の放射線防護学体系の問題点を論じてみる。

ICRPとはどんな組織か

日本政府は不定期に刊行されてきたICRP報告やIAEA(国際原子力機関)勧告をもとに原発事故における種々の対応を行っている。代表的な対応の一つが福島県民の年間線量限度を20ミリシーベルト(mSv)としていることだ。まずこのICRPの実態とは如何なるものかを考えてみる。

放射線をある程度正確に測定できるようになったのは、1928年頃である。1928年に医師が中心となり「国際X線・ラジウム防護委員会」が設立され、医学利用における放射線の健康被害の問題に国際的な取り組みが開始された。

1946年には原爆製造を行ったマンハッタン計画に関与した物理学者が中心とな

1928年「国際X線・ラジウム防護委員会」設立　⇐医学利用の被曝問題
1946年NCRP(米国放射線防護審議会)設立　⇐原子力利用の被曝問題
第1委員会：外部放射線被曝限度に関する委員会
第2委員会：内部放射線被曝に関する委員会
1950年に設立されたICRPは、ほぼNCRPの陣容で運用
1952年には、内部放射線被曝に関する第2委員会の審議を打ち切る
(最も深刻な内部被曝を隠蔽する歴史の始まり!)

ICRP設立当初の内部被曝線量委員会委員長 K・Z・モーガンの証言

「ICRPは、原子力産業界の支配から自由ではない。
原発事業を保持することを重要な目的とし、本来の崇高な立場を失いつつある」

『原子力開発の光と影――核開発者からの証言』
昭和堂、153頁、2003年

●ICRPはα線とβ線による内部被曝を排除。その理由は人間の命と健康より産業界と軍の経費節減要求を優先させたため。換言すれば、原発作業員の安全を考慮すると原子炉の運転はできなくなるから。

●日米共同研究機関である公益財団法人放射線影響研究所(放影研)は、1989年に内部被曝の研究を中止。

資料22　ICRPの成り立ちの経緯と内部被曝の隠蔽の歴史

り、原子力利用における健康問題を検討するためにNCRP(米国放射線防護審議会)が設立された。その中の第1委員会が外部放射線被曝限度に関する委員会として、第2委員会が内部放射線被曝に関する委員会として活動を開始した。しかしこのNCRPは、1950年にNCRPとほぼ同じ陣容でICRPが新たに設立されたため、医学利用における放射線の健康問題の視点が希薄となり、核兵器製造や原子力政策を推進するための立場から健康問題を扱う組織へと変貌した。その性格から、ICRPは1952年には内部放射線被曝に関する第2委員会の審議を打ち切り、深刻な内部被曝に関する報告はなくなった。**資料22**にICRPと内部被曝の隠蔽の経緯を示すが、1952年から内部被曝を隠蔽する歴史が始まっていたのである。

ICRP設立当初の内部被曝に関する委員会の委員長だったK・Z・モーガンは、「ICRPは、原子力産業界の支配から自由ではない。原発事業を保持することを重要な目的とし、本来の崇高な立場を失いつつある」と述べている(『原子力開発

の光と影――核開発者からの証言』昭和堂、2003年)。ICRPは人間の命と健康より産業界と軍の経費節減要求を優先させたのである。核兵器製造や原発作業員の安全を考慮すると原子炉の運転はできなくなるため、α線とβ線による内部被曝を排除したのである。

そのため、広島・長崎への原爆投下後も米軍やGHQは内部被曝や残留放射線はないものとして対応した。広島原爆投下後に夫を探しに入市した女性が残留放射線と内部被曝により命を落としたことから内部被曝の問題に気付いた肥田舜太郎医師への脅迫・拘束などの脅しはこのためであった。**資料23**に肥田舜太郎氏の著述の一部を示す。

原発稼働においてICRPの内部被曝を隠蔽・軽視したこの姿勢は貫かれており、放射線は「コスト・ベネフィット(費用効果分析)」の観点から論じられる。ICRPは国際的原子力推進勢力から膨大な資金援助を受けているため権威のある公的機関のように振る舞っているが、実際は単なる民間のNPO団体なのである。

またICRPは研究機関でもなく、調査機関でもない。民間の組織は目的を持って活動するが、ICRPの目的は原子力政策の推進であり、国際的な「原子力ムラ」の一部なのである。米国の意向に沿って原子力政策を推進する立場で核兵器の規制などを行っているIAEAやUNSCEAR(国連放射線影響科学委員会)などと手を組み、原子力政策を推進する上で支障のない内容で報告書を出しているのである。報告書作成に当たっては、各国の御用学者が会議に招聘され、都合のよい論文だけを採用して報告書は作られている。ICRP自体が調査したり研究したりすることはない。このためICRPは、多くの医学論文で低線量被曝による健康被害が報告されても一切反論できず、無視する姿勢を取っている。

日本でもICRPに関与している学者やICRP報告に詳しい専門家・有識者はだいたい政府・行政の委員会のメンバーとなっているため、国民不在の放射線対策が取られている。医療関係者のための教科書でもICRP報告の内容がそのまま記載されているため、福島第一原発のような事故が起こっても多くの医師には問題意識が生まれないのである。このため、土壌汚染も内部被曝の測定も行われていない福島の現状は、原爆投下直後の広島や長崎の状態と同様なのである。

現在、日本政府は福島県の住民に対して年間線量限度20ミリシーベルト(mSv)

肥田舜太郎、鎌仲ひとみ『内部被曝の脅威――原爆から劣化ウラン弾まで』(筑摩書房、2005年)より

「彼女は、1944年に結婚、45年7月初め松江の実家で出産。8月7日、大本営発表で広島が壊滅したと聞いた彼女は、広島県庁に勤めていた夫を探して、8月13日から20日まで毎日広島の焼け跡を歩きまわる。原爆炸裂時たまたま地下室にいたため、脚を骨折したが、一命をとりとめた夫と救護所で再会。当初元気だった彼女は、救護所で重症患者の治療や介護を手伝っている内、熱が出、紫斑が現れ、鼻血が止まらなくなり、日に日に衰え、9月8日、抜けた黒髪を吐血で染めて、ついに帰らぬ人となる」

「一週間後に入市したが明らかに原爆症と思える症状で死亡した松江の夫人は、内部被曝問題への私の執念の原点ともなった」

原爆の直撃を受けたが生き延びた夫。原爆の直撃は受けず一週間後入市、8日間毎日焼け跡を歩き、急性原爆症を発症、一ヶ月足らずで死亡した妻。二人の生死を分けたものは何か。

資料23　内部被曝の問題に気付いた肥田舜太郎氏の著述

(Gyの定義 :1J/kg=1Gy)

体重60kgの人が7Sv全身被曝
⇒7Sv × 60kg = 420J ≒ 100cal

・内部被曝は近傍の細胞が被曝
　=線量分布の無視(1kgの体積も被曝しない)
・Gyをもとに非実証的な組織荷重係数を使用して
　Svに全身化換算する手法では人体影響を評価できない

⇒内部被曝の実効線量の計算では、放射性物質の近傍の限局した局所の細胞にいくら当たっているかを計算するのではなく、全身化換算するため超極少化した数値となる。
目薬を全身投与量としているようなものである。

おにぎり1個は
約150Kcal(150Cal)

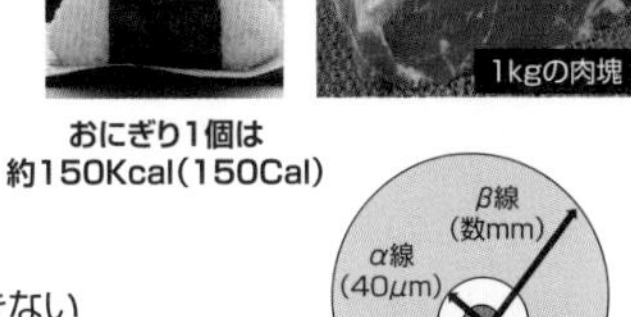

粒子線の水中での飛程
1kgの体積にまで
エネルギーは届かない

資料24　放射線の単位に関する根本的な問題

という非常識な線量を強いているが、ICRPの人に対する人工放射線の年間線量限度の変遷を見ると、最初に出た1953年勧告では15mSv、1956年勧告では5mSv、1985年勧告では1mSv(例外は認める)としており、健康被害の現実を踏まえて減少させている。そして1986年のチェルノブイリ原発事故を経験して、1990年勧告では1mSv(例外は認めない)としており、それに準じた基準が各国の国内法

に取り入れられている。

日本の対応が例外的で異常なのである。また、ICRPは「閾値なしの直線モデル」を認めており、BEIR（米国科学アカデミーの「電離放射線の生物影響に関する委員会」）と同様の姿勢を取っているが、原発事故後の日本政府は「100mSv以下では明らかな健康被害は他の要因も絡むことから証明することはできない」とする立場を取っている。これは原爆投下後の最初の対応として、爆心地から2km以内にいた人を「被爆者」とし、その2kmの地点での被爆線量が約100mSvとされていることに起因している。100mSv以下の「非被爆者」の調査は充分には行われていないため、データがないだけなのであるが、2km以上離れたところにいた人には健康被害が出ないと言いくるめているのである。

ICRPのエセ科学のいくつかのポイント

ICRPのエセ科学的核物理物語においては、まず放射性物質を「気体」の時の測定から始める。そしてそれを基にしてデータを分析し、理論を構築している。そのため放射性物質が微粒子としても存在することを軽視しているのである。気体中の放射線量は物理量であり信用できるが、この線量を人体影響に結びつける過程でゴマカシが生じる。まず吸収線量は1グレイ（Gy）＝1ジュール（J/kg）と定義されているが、この定義量では生体の影響は説明できない。もちろん1Gyと10Gyでは10倍のエネルギー付与として相対的な比較はできる。

資料24に放射線の単位に関する問題点を示す。原爆時の米国の公式見解では、全身被曝7シーベルト（Sv）が致死線量とされている。しかし、この7Svをエネルギーに換算すると、60kgの体重の人では、【7ジュール（J）×60kg=420ジュール（J/kg）】であり、カロリー（cal）に換算すると【420÷4.184≒100cal】となる。つまり、7Svとは熱量に換算すれば、100calであり、放射線で100cal摂取すれば全員死ぬことになる。おにぎり1個は約150キロカロリー（Kcal）であるから、おにぎりの1500分の1のカロリーで死ぬことになる。物理学上の放射線の単位にはこんな根本的な問題がある。生体の分子レベルの生物学的な現象を全く説明できていないのである。この熱エネルギーの単位による放射線のGyやSvという単位自体が、放射線物理学と分子生物学を繋ぐインターフェイスとはなっていないのである。しかし、物事を考え整理するためには一定の取り決めは必要なので、百歩譲ってこのGy

＊ 総線量、被曝体積･面積（範囲）、線量率（急性 or 慢性）
＊ 外部被曝と内部被曝（=線量分布が全く考慮されていない）
＊ 放射線は基本的には当たった細胞にしか影響しない
局所の小範囲の線量も組織等価線量や人体の実効線量に換算する手法では、
局所の影響は評価できない（目薬一滴を全身化換算）
＊ エネルギー問題（数eV〜KeV〜MeV）
＊ LET（Linear Energy Transfer、線エネルギー付与）の問題
＊ 細胞周期と放射線感受性の問題（G2・M期の細胞が影響大）
＊ 放射線の影響の物理量としての評価単位の問題（1Gy=1J/kg）
＊ 微粒子としての存在・サイズの違い・動態については全く想定外
・サイズによって人体影響は異なる（μm、nm、元素イオン）
・核種ごとの臓器親和性（集積･蓄積）の無視
⇒「長寿命放射性元素体内取り込み症候群」の解明が必要

資料25　放射線の人体影響に関与する種々の因子

の定義を使用して話を進めることとする。

また、等価線量はGy×放射線荷重係数としてICRPは計算している。例えばトリチウム（^{3}H）のβ線の放射線荷重係数は1ではなく、実験結果では1.5〜2とされている。さらに、実効線量への換算には「組織荷重係数」という全く実証性のない仮想の係数が使われている。そこには性別や年齢などの補正もない。さらに被曝している部位の付与エネルギーの分布も全く考慮されていないのである。こうした根拠のない非実証的係数を組み合わせたシーベルト（Sv）という実効線量の単位では人体への影響を正確に評価できないのだ。Svという根拠のない単位を用いるICRPの意図は、放射線の種類、被曝部位、被曝の仕方、被曝者の身体の違いなどを一緒くたにして健康被害と線量との相関を分析できないようにすることにあると勘繰られるほどインチキなものなのである。

また、放射線の有害事象をICRPは確定的影響と確率的影響に分けて考えているが、実効線量の算出に当たっては、確率的影響の中でも致死的発がんのリスクを考慮した、臓器別の4つの係数を使用して計算した主な臓器の等価線量を加算して全身の影響を評価する――という手法を取っているのである。しかしこれまで繰り返し述べてきたように、放射線の影響は原則として被曝した部位や臓器

にのみ現れるのであり、被曝していない部位にまで実証されていない係数を使って全身化換算する手法は間違っているのである。

胸部単純写真を撮影する場合、被曝しているのは胸郭部であり、それ以外はほぼ無視できる散乱線が当たっているだけである。したがって本来の被曝線量は胸郭部の等価線量として表現されるべきであり、全身化換算した実効線量で表わすこと自体がおかしい。極めて限局した範囲しか被曝しない内部被曝まで実効線量に換算して全身化換算し、外部被曝の実効線量と加算できるように勝手に取り決めているのが問題なのである。

ICRPは外部被曝も内部被曝も実効線量(Sv)が同じであれば生体影響も同じであると勝手に取り決めている。外部被曝と内部被曝は全く違う。これも繰り返し述べてきたが、もう一度言おう。「外部被曝とは、まきストーブにあたって暖をとること、内部被曝は、その燃え盛る“まき”を小さく粉砕して、飲み込むこと」である。どちらが細胞に障害を与えるかは誰でもわかることである。内部被曝では放射性物質の近傍の細胞にだけ影響を与えることや付与されたエネルギー分布の問題はICRPの理論では全く考慮されていないのである。その延長上に放射性物質が微粒子として存在することを軽視・無視するICRPの見解がある。種々の放射性物質は、中性子線以外は荷電されており、大気中では何らかの物質と電子対となり、安定した微粒子となる。結合した物質によって塩化物、酸化物、水酸化物となり、土・砂・塵などに付着しているのである。

最新の研究成果を取り入れないICRP

ICRPの理論的な問題点をいくつか指摘した。それ以外にもまだ重大な問題がある。それはICRPの理論では最近の放射線生物学の知見を充分に採用していないということだ。50年前の放射線生物学のレベルの知識で理論を構築しているのである。核兵器製造や原子力政策を推進する立場の人々がICRPを牛耳っており、医師や放射線生物学の研究者はほとんどメンバーとなっていないため、**資料25**に示したような最近の放射線生物学の知見はほとんど取り入れられていないのである。

エネルギーの問題(数eV～KeV～MeV)、LET(Linear Energy Transfer, 線エネルギー付与)の問題、細胞周期と放射線感受性の問題(G2・M期の細胞が影響大)なども検討すべきである。こうした基本的な問題を抱えて、生体影響を正確に反映するものではない実効線量だけで議論され、対策が立てられているゴマカシに気付くべきである。遺伝子解析もできる時代となっているが、内部被曝を過小評価し、研究は「しない・させない・隠蔽する」という姿勢で、「放射線、皆で当たれば怖くない」という棄民政策を行っているのが日本の現状なのである。

原発の問題は、単に人体影響ばかりが問題ではない。戦争では「国破れて山河あり」だが、原発事故では「山河なし」なのである。「コスト・ベネフィット」を根拠にした原発稼働の理由も、使用済み燃料棒の処理や廃炉費まで含めるとすでに破綻している。科学的にも医学的にも放射線の健康被害に関しては経済的利害を超えて真実を解明するという独立性を持って進められるべきである。真実のデータを基に社会全体としてどのように原子力発電を使うかは次の問題である。全国にばら撒かれた原子力発電所にミサイルを一発撃ち込まれれば簡単に負ける国なのに、戦争ができる国にしようとする見識のなさと相通じるものがある。国民はICRPの催眠術から覚醒するべきである。

人体影響の評価についてのICRPの問題点

放射線の人体影響をICRPは「確定的障害」と「確率的障害」に区別している——このこともこれまで繰り返し述べてきたが、**資料26**にICRPが提示している人体影響の区分を改めて示しておく。

「確定的障害」においては「閾値」を設定しているが、これも正しくはない。「確定的障害」であっても閾値はない。放射線の障害は線量依存性であり、線量が多ければ障害は早く発症し、線量が少なければより遅れて発症するのである。「確定的障害」における「閾値」は気を付けるべき一つの目安に過ぎないのである。**資料27**には被曝による水晶体の影響として発症する白内障の発生に関するデータを示す。

最近は慢性副鼻腔炎(蓄膿症)の人が激減したため、北海道がんセンターでの上顎洞がん症例は激減しているが、以前に上顎洞がんを多く扱っていた4施設の治療例を分析した結果、白内障の発生は線量依存性であり、被曝線量が多ければ、早く白内障となり、線量が低ければより遅れて発症していることがわかる。高齢となり、水晶体の細胞分裂が少なくなると老人性白内障となるが、若者

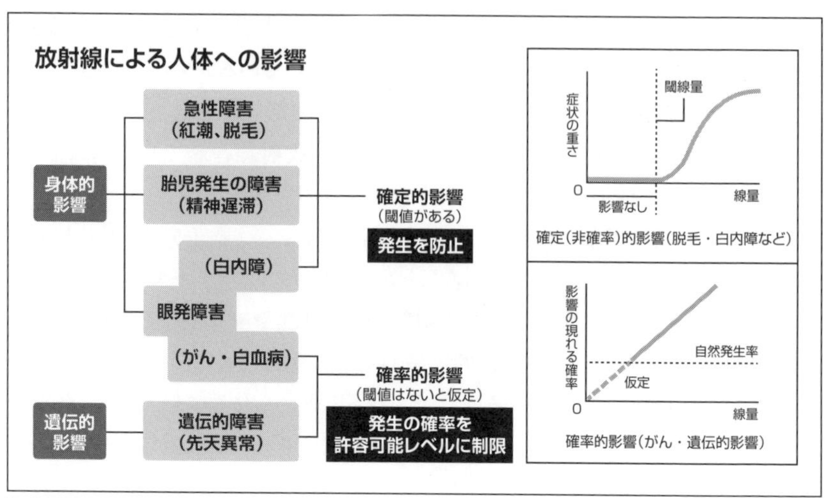

資料26　ICRPの放射線の人体影響の説明

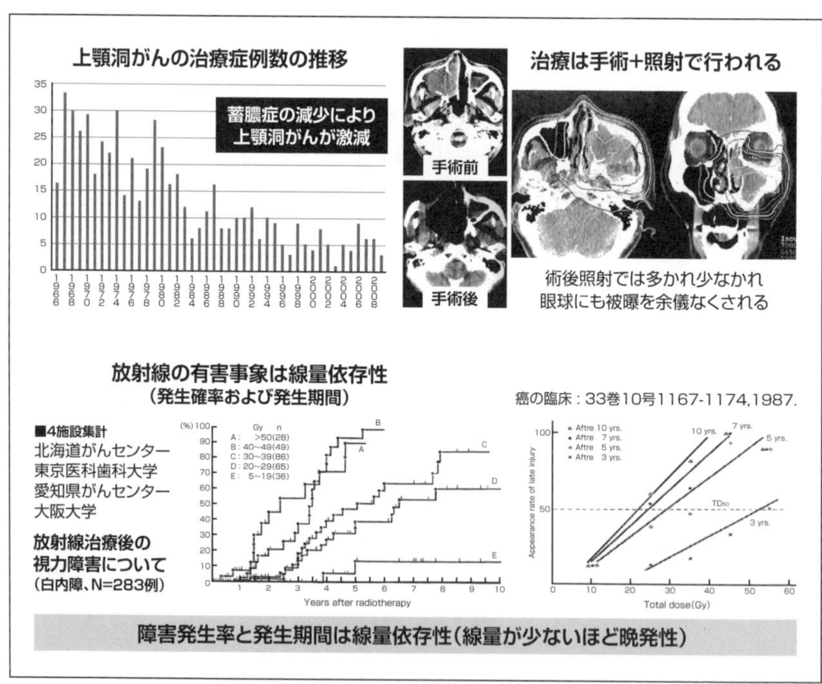

資料27　上顎洞がん治療後の白内障(確定的影響)の発生資料

は水晶体の細胞は分裂し眼の透明性を保っている。若者が白内障となるのは、外傷性のものか、被曝によるものである。チェルノブイリでは子どもたちも被曝により白内障となっていることが報告されている。

資料28にはICRPが勝手に取り決めた全く科学的とは言えない線量評価法のまとめを示す。

ICRPの基本的な考え方は、「気体」の時の放射線量を測定し理論を構築しており、「微粒子」としての存在は想定せず考慮外としているため御用学者は微粒子によって引き起こされる内部被曝の症状を理解できていない。放射線の影響の原則は空間内や生物内におけるエネルギー分布の差によるのである。放射性微粒子が体内に取り込まれた場合、どこに当たっているのかを検討することなく、取り込まれたベクレル(Bq)数をシーベルト(Sv)に換算して全身の影響を評価する手法そのものが内部被曝の深刻さを隠蔽する手法となっているのである。

資料29にはそのBqとSvの関係を示す。例えば1BqのCs-137を実効線量Svに換算する場合、経口摂取した場合は預託実効線量換算係数は0.013としているので、1mSvとなるのは7万7,000Bqの取り込みとなる。これは確実に致死量と言えるものである。

こうした核種ごとのBqからSvに換算する係数は科学的に全く実証性がない。ICRPが勝手に決めているだけである。経口摂取か吸入摂取かによる取り込み経路の違いや、生物学的半減期や年齢などの因子も加味した数理モデルで計算し、いかにも科学的な体裁を凝らしてはいる。しかし計算も複雑となり一般人が検証するために計算しようとしても計算することはできない。現在はコンピューターでしか計算できない状態なのである。専門家とか有識者も実際に内部被曝の計算をした人はいないであろう。

また内部被曝を考える場合の微粒子の粒子径サイズは一律5マイクロメートル(μm)(いわゆるデフォルト)として計算しているので、血中にも入るより微小な放射性微粒子の影響は全く反映されることはなくなる。PM2.5が問題となるのは、このサイズの微粒子が呼吸器系から取り込まれれば肺胞にまで入るから問題となるのだ。サイズによって体内動態は異なるが、5μmの微粒子だけを想定して内部被曝を考えることでは人体影響を正確に評価できないのである。

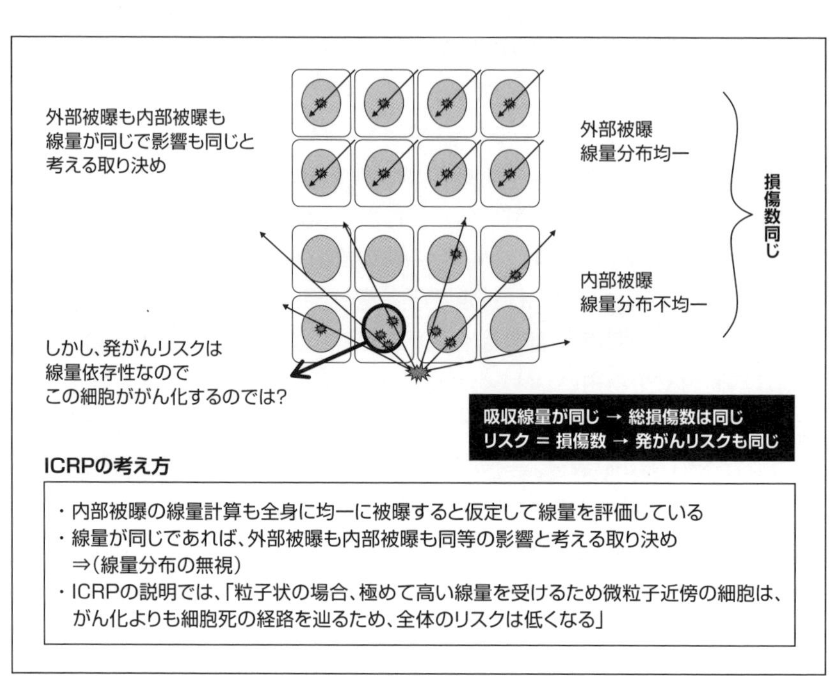

資料28　ICRPの勝手な考え方と取り決め

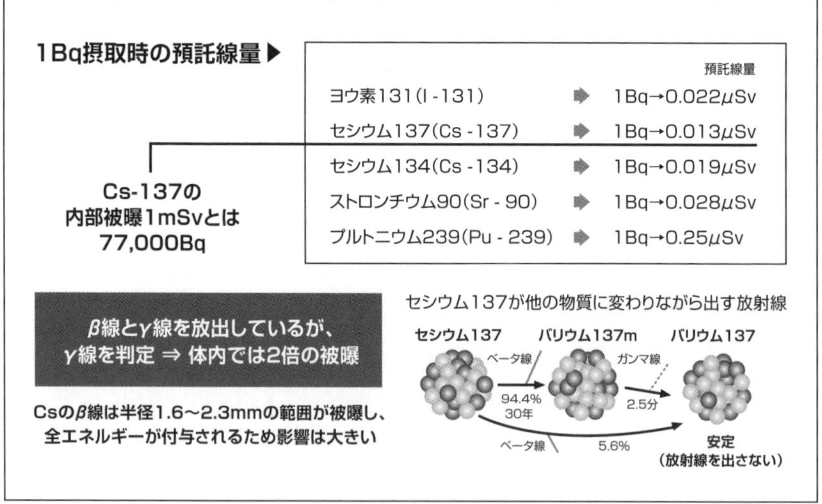

資料29　内部被曝線量の過少評価の手法(BqからSvへの換算)

第4章

原発事故による
放射線被曝を考える

低線量被曝による健康被害

2011年3月11日は日本にとって歴史的な日となった。地震と津波と原発事故という三重の悲劇を日本にもたらし、国民は戦後最大の危機と試練に向き合うこととなった。私は一介の地方の臨床医として40年間放射線を用いたがん治療に従事してきたが、その業務は放射線の有効利用を追求してきたものである。しかし何事にも「光と影」があり、「表と裏」がある。福島第一原子力発電所の事故は放射線の影と裏の世界と向き合わなければならない世界を作り出したが、政府の対応は当時も今も極めてデタラメである。

21世紀に入ってからの放射線治療の照射技術の進歩は著しく、放射線の医学利用という光の世界(表の世界)は加速度的に進化している。しかし一方で、放射線の健康被害に関する影の世界(裏の世界)は広島・長崎の原爆投下によるデータを基にしたエセ科学により支配され、研究の進歩が止まっている。その背景には原子力の平和利用という名目で原子力発電を行い、同時に作り出された核物質を利用した核兵器の製造という、経済成長のためのエネルギー源の乏しい日本の国家戦略的な問題が絡んでいる。しかし、放射性核生成物による不都合な健康被害に関しては真剣に研究もせず、また研究もさせない——という姿勢は全く変わっていない。

福島第一原発の事故後の対応でも原発の「安全神話」が100mSv以下ならば過剰発がんは心配ないとする「安心神話」にすり替えられ、住民らは帰還を促されている。また原発再稼働の審査においても「安全基準」が「規制基準」と言葉を変えられ、再稼働が進んでいる。さらに日本政府は原発輸出にも積極的で、日本国内では処理できないにもかかわらず、売り込んだ原発の放射性廃棄物を日本が全部引き受けるとか、原発稼動の費用も税金から融資し、原発事故が起きたら日本の税金で補償する——という密約を交わして世界中に放射性物質を撒き散らそうとしている。

日本国民も今後の深刻な原発事故による日本の危機の可能性については全く無頓着で、10年前の福島第一原発事故のことも風化させてきた。そして福島の住民を年間20mSvの地域にまで住まわせようとする法治国家ならぬ放痴国家となっている。

日本の原発稼働に伴う緊急時の被曝医療対策は、東海村JCO臨界事故の教訓を踏まえて、2000年6月に「原子力災害対策特別措置法」が施行され、事故時の初期対応の迅速化、国と都道府県および市町村の連携確保等、防災対策の強化・充実が図られてきたはずであった。しかし現実の対応は犯罪的ともいえる杜撰でデタラメな対応で、情報の隠蔽も行われてきた。そして健康被害の問題は置き去りにされて地域経済の復興だけが目指され、住民の帰還が促されている。

原発事故が起きても、医療関係者からの発言は少ない。これは基本的に放射線防護学に関しては、医師や診療放射線技師や看護師が使っている現在の教科書が全てICRPの見解で書かれているためである。小・中学校に文科省から配られる副読本なども、すべてICRPの見方に沿って書かれている。しかし、これまで述べてきたようにICRPの放射線防護学は原子力政策を進めるために作られたフィクションのようなものなのだ。ICRPの内容が刷り込まれている医療関係者は、政府のデタラメな健康管理対策に対してほとんど危機意識を持たず、傍観者になっているのが現状である。そしていわゆる御用学者たちが政府の立場で安全・安心論を述べている。本章では放射線とその健康被害についての正しい情報を知っていただきたいと思う。

まず放射線の測定に関しては、現在よく議論されているのはγ線についてだけである。そのγ線もモニタリングポストを設置して測定しているのだが、1章で触れたように、現在よく用いられている富士電機の測定機器は実際よりも約半分の低い値になるように設定されている。2014年4月26日に私はボランティアで行っている子供たちの甲状腺超音波検査のために福島県須賀川市に行った。そこで検査会場の公民館前に設置されていたモニタリングポストを調べてみた。私が病院で校正し持参した線量計では0.19マイクロシーベルト(μSv/h)(100%)だったが、モニタリングポストの値は0.11μSv/h(58%)であり、4割程度低くなっていた。この問題は『週刊朝日』2014年2月14日号で「国の放射線測定のデタラメを暴く」と題して報じられていた。モニタリングポストは地上1メートルの高さにあるが、地面直上では線量は2倍以上となる。とんでもない事実の隠蔽である。

γ線以外のα線、β線もきちんと測れてはいない。α線とβ線を調べるにはバイオアッセイ(生物学的試験)が必要である。トリカブトやヒ素で殺人が起きたら、警察はバイオアッセイして毒物を測るが、多くの国民の健康被害に関係するα線やβ線を、国はバイオアッセイして測ろうとはしない。科学的・具体的なデータでものを考えない現状が続いている。事故による将来の被害を隠蔽するために測定していないとしか言いようがないのである。

しかし、たとえ低い値であったとしても放射線の影響が出ることは報告されているのである。最近のICRPの勧告でも「1Sv浴びると5・5%の過剰発がんがある」と認めている。この計算では1億人が1mSv浴びたら、5500人ががんになるということになる。いま福島の人に強いている年間20mSvなら11万人が過剰発がんになるということだ。

原爆の被災者認定訴訟で国は今、30連敗している。それで国は基準を緩和せざるを得なくなり、爆心地から3.5㎞内にいた人まではある条件を満たせば認定するようになったのだが、3.5㎞にいた人の推定被曝線量は約1mSvである。

原発労働者で白血病になって訴えた人は5mSvで労災認定されている。この基準では現在福島県内に住んでいる人が将来がんになったら、政府は認めないであろうが、みんな被曝者認定を受けられる権利を持つことになる。国が今、福島の住民に強要しているのはそれほど高い線量なのである。

「閾値なしの直線仮説」を認めているICRPの基本的な姿勢をも軽視して、日本政府は100mSv以下では他の要因も絡むので、放射線による過剰発がんが発生するかどうかはわからないとする立場を取って、帰還を促しているのである。仮に被曝線量が少なかったとしても、確率は低くなるが、影響は必ずある。20mSv～100mSv以下の被曝でも発がんするという報告を紹介しよう。

1955年にイギリスのアリス・M・スチュアート女医が、幼児の白血病の多発は妊婦の骨盤のX線撮影が関与していること報告し、低線量の被曝でも人体に深刻な影響があることがわかった。彼女の米国議会での証言は大気中の核実験中止のきっかけとなった。

医療被曝で発がんが増加するという代表的な論文は、放射線診断による被曝でがん発症が日本は世界一であるという英国オックスフォード大学からの報告(Lancet363:345-351,2004.)である。この論文は、X線診断の頻度と線量から集団実効線量を推定し、発がんのリスクを、「閾値なしの直線仮説」に基づいて15カ国の放射線診断による被曝量から75歳までの発がん者を推定したものである。その結果、日本の年間X線検査数は1,477回/千人で15カ国平均の1.8倍の被曝でがんになった例は年間7587例と推定され、放射線診断による被曝による発がんは年間の全がん発症者の3.2%にあたると報告されている。日本のがんの3.2%が放射線診断によるものとされ、学会でも議論されたが、結局は医療被曝には制限がなく、また必要な検査として行われているので仕方がないという姿勢だったため、議論は断ち切れてしまった。

原発事故が起こる前の2011年3月に出されたカナダ・モントリオールのマギール大学チームの論文(Eisenberg, et al:CMAJ. 2011年3月)では、10〜40mSvの被曝でも10mSvごとにがんリスクが3%増加するというものだ。心筋梗塞になって血管造影やCT等のX線を用いた検査・治療を受けた患者8万2,861名を追跡した結果、1万2,020名にがんが発生し、10mSv増すごとに3%ずつ発がん率が高くなると報告されている。

さらに2012年に出た論文(Pearce,et al : Lancet 380:499-505, 2012.)では、CT検査を受けた子どもを対象として分析すると、50mSvくらいの被曝線量で有意に白血病と脳腫瘍が増加し、被曝していない子どもの約3倍になると報告されている。また英国から(症例2万7,000名 対 対照3万7,000名)、自然放射線で5mSv/年を超えると1mSvにつき小児白血病のリスクが12%有意に増加するという報告(Kendall GM. et al. : 2013 Jan;27(1):3-9. doi: 10.1038/leu.2012.151. Epub 2012 Jun 5.)も発表されている。

今の福島のような状況は、慢性的に少ない線量を住民が浴びていることになるため、同じような状況にあると言える原発作業員のデータもいくつか紹介する。

15カ国の原子力施設労働者40万7,391人の追跡調査の報告(E Cardis,et al : BMJ, 2005.6.29)がある。これによると、労働者の被曝線量は、集団の90%は50mSv以下、500mSv以上被曝した人は0.1%以下で、個人の被曝累積線量の平均は19.4mSvであったが、1Sv被曝すると、白血病のリスクが被曝していない人の約3倍になり、100mSv被曝すると白血病を除く全がん死のリスクが9.7%増加し、慢性リンパ性白血病を除く白血病で死亡するリスクは19%増加する——と報告されている。

さらに2009年に発表されたデータ(Occup Environ Med. 66(12):789-96.2009.)では、原爆被爆者とチェルノブイリの被曝者と原発労働者の合計40万7,000人の比較から、同じ線量を一度に浴びても、だらだらと慢性的に浴びても、被曝線量が同じであれば、発がん率は変わらない——という報告もある。

日本の原発労働者に関する調査結果も2010年に放射線影響協会のホームページ(http://www.rea.or.jp/ire/gaiyo)に公開されている。このデータでは、日本の原発労働者20万3,000人の平均累積被曝線量は13.3mSvであるが、10mSvの被曝の増加で、全がんの腫瘍が4%増えている。個別にみると肝臓がんが13%、肺がんが8%増えている。日本の原発作業員も発がん率が明らかに高くなっているのである。ところが、厚労省はこの不都合な真実を原発労働者は酒飲みが多いし喫煙者が多いので肝臓がんや肺がんが増えているのだと説明し、放射線のせいにはしていない。しかし実際には、原発労働者は一般人との比較でも喫煙率も飲酒歴も同程度である。ちなみにこれらの海外や日本の報告は全て年間線量ではなく、累積線量であることにも注意してほしい。福島の人は20mSv以下の地域で暮らしているので、5年以上経てば累積線量は100mSvとなる可能性がある。これらの報告に対して、ICRPは科学的な根拠がないため、反論することもできずに、無視するという姿勢を取っている。

チェルノブイリ事故との比較で考える

放射線の影響は動植物全てに影響するが、一般論として寿命の短いものほど影響は早く出現する。身体的な疾病の発症だけではなく、10〜60mSvでも染色体異常の出現頻度の増加が報告されている。

チェルノブイリでは作業員の男性の染色体異常が非常に多く、実際に先天障害の子どもが生まれる原因になっている。

90年代初頭に米国がイラクで劣化ウラン弾を使ったが、その影響も報告されていて、やはりがん死亡者や先天障害の子どもの増加が報告されている。

2010年の10月にニューヨーク科学アカデミーから出版された『チェルノブイリ大惨事が人々と環境に及ぼした影響』という本では、チェルノブイリ事故でIAEAは4,000人死んだと言っているが、この本では実際にはがん以外にもいろんな疾患で98万5,000人が死んでいると報告している。この本は現地の英訳されていない論文も含めて約5,000の論文と、カルテも参考にして調査し、3人の著者により書かれている。その著書の一人であるロシア科学アカデミーのヤブロコフは許容できる年間被曝量について「年間1mSvぐらい」と言っている。その内訳は人工放射線0.74mSv+自然放射線0.35mSvである。また、がんは健康被害の10分の1でしかなく、子どもの慢性疾患が増え、体調不良が増えると警告している。

2012年9月23日にNHK教育TVで『低線量汚染地域からの報告』という番組が放送された。ロシアから独立したウクライナ政府が出した報告書の内容を伝える番組である。子どもの時に原発事故にあった人が甲状腺がんになり、今でも健康な子どもが減り、慢性疾患を抱えた子どもが増えていることを報じていた。1992年と2009年を比較すると、内分泌系疾患が11倍、筋骨系疾患が5.3倍、消化器系疾患が5倍、精神および行動の異常が3.8倍、循環器系疾患が3.7倍と増えているのである。

2008年のデータでは事故後に生まれた子どもの78%が慢性疾患に苦しんでいると報告されている。これはセシウムの高い汚染地域に住み続けているためと考えられる。実際に、**資料30**に示すウクライナ政府(緊急事態省)報告書では、1992年と2008年を比較すると、慢性疾患を抱える子どもが2割から8割に増加している。

また子どもの白内障も発症している。子どもが白内障になる原因は、外傷か放射線しか考えられない。なお水晶体は放射線感受性が高いため、2021年4月1日から施行される「改正電離放射線障害防止規則」では眼の水晶体の等価線量の被曝限度は「5年間につき100mSv及び1年間につき最大50mSv」と引き下げられている。

甲状腺がんの増加は隠しようもない事実として認められているが、多くの先天障害の発生や他の疾患の増加も報告されている。先天障害の例として、西ベルリンやベラルーシでは事故のあった1986年とその翌年には5mSv以下の被曝でもダウン症候群の出生が非常に増えていることが報告されている(Karl Sperling, et al:Genetic Epidemiology 38:48-55,2012.)。これは、100mSv以下では奇形児は生まれないとするICRPおよびIAEAの見解とはかけ離れた現実である。またチェルノブイリ事故以降、先天障害児は83%増え、『チェリノブイリハート』という映画も作られている(http://www.rri.kyoto-u.ac.jp/NSRG/cher-1index.html)。

セシウム(Cs)はカリウム(K)と類似した体内動態なので、心筋も含め筋肉などほぼ全臓器に取り込まれる。事故後に作られたゴメリ医科大学の初代学長であるユーリー・バンダジエフスキー(病理解剖学者)は、病理解剖した各臓器別のCs-137の蓄積量を報告しているが、子どもの場合は**資料31**に示すように、甲状腺に最も多く取り込まれていた。ヨウ素(I)だけでなくCs-137も甲状腺に蓄積されて、甲状

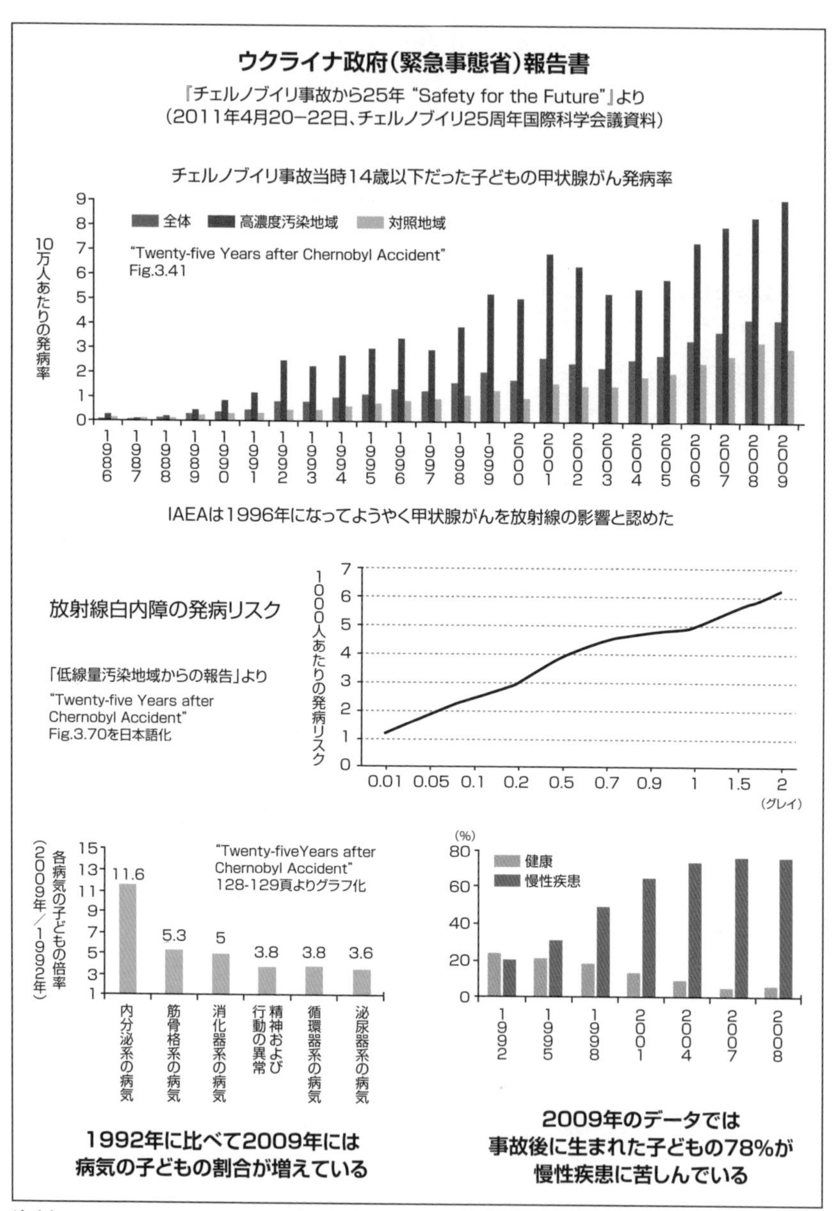

資料30 チェルノブイリ事後後の子どもたちの健康状態の推移
(ウクライナ政府(緊急事態省)報告書より)

腺がんになる可能性があるのである。2014年3月にチェルノブイリを訪れた時にお会いした政府関係者や研究者も子どもの甲状腺がんの原因の10～15%はセシウムも関与しているとしていた。

また心筋のCs-137蓄積量と心電図異常の関係を示すデータも**資料31**に示しているが、38～74Bq/Kg蓄積していれば約8割に心電図異常が出るという驚くべきデータとなっている。

日本ではこうしたまともな調査や研究はされておらず、学校検診の調査結果すら分析されていない。しかし将来的には同様な健康被害が生じる可能性は否定できない。チェルノブイリの教訓から言えるのは、福島県の子どもたちは長期的な変化として、具体的には骨髄機能が落ち、呼吸機能が悪くなり、早く老化する等の心配があるということだ。にもかかわらずチェルノブイリ事故による子どもの健康被害と比較するデータすら調査していないというのが悲しい日本の現実なのである。日本の衆議院議員たちが2011年の秋にウクライナに調査に行き、2006年にウクライナで発行された軍事医学研究所のオリハ・ホリッシナ医学博士の著書『チェルノブイリの長い影』の内容が報告書とし衆議院のホームページ上に公開されていたが、政権が変わり現在は削除されている。**資料32**に当時掲載されていたその報告書の要約を示す。

チェルノブイリ事故後にゴルバチョフ大統領の科学顧問を務めたアレクセイ・ヤブロコフ氏は「放射線の健康被害は多種多様であり、がんはその10分の1にすぎない」と述べている(**資料33**)。この健康被害の本態は第6章で述べる放射性微粒子の体内取り込みによるものなのである。

国際機関の動向(ICRPとECRR)

一方、チェルノブイリ事故で被害を被った欧州の科学者や市民団体は、ICRPの流布しているエセ科学的放射線防護学体系を批判し、1997年にECRR(欧州放射線リスク委員会)を設立した。その見解の根底にあるものは、核施設周辺地域(セラフィールド)での白血病の有意な発生や、チェルノブイリの子どもたちの被害や、劣化ウランに被曝した湾岸戦争帰還兵やイラクの子どもたちの実態を調べて慢性被曝も内部被曝も考慮しようというものである。ECRRが慢性被曝も内部被曝も考慮してリスク係数を算定すれば、今後50年間に福島第一原発事故による過剰発が

(医師・病理解剖学者、ゴメリ医科大学初代学長)

①少量でも放射性セシウムは
生殖細胞に遺伝的影響を与える。
②心臓異常に注意を向けるべき

病理解剖各臓器別セシウム137の蓄積

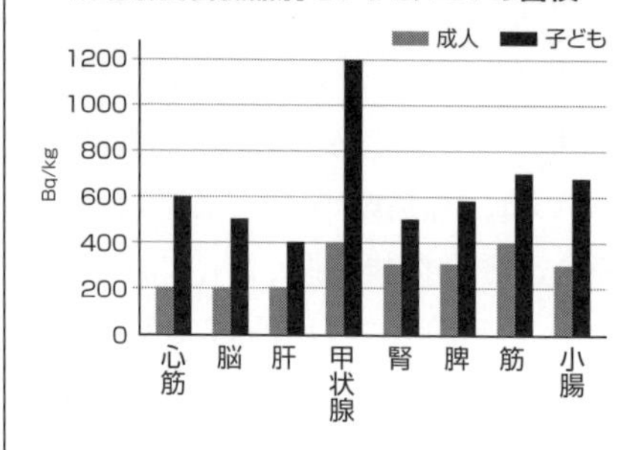

Y.I.Bandazhevsky:Chronic Cs-137 incorporation in children's organs.SWISS MED WKLY 133:488490,2003.

ECG変異のない子どもの割合、%
90
80
70
60
50
40
30
20
10
0
0-5 12-26 27-37 38-74 74-100
生体内のセシウム137蓄積、Bq/kg

セシウム137の蓄積の度合いと
心電図変化のない子どもの割合

[%、セシウム137体内蓄積線量(Bq/kg)別]

資料31　臓器別のセシウム体内蓄積の状態と心電図の変化

衆議院チェルノブイリ原子力発電所事故等調査議員団報告書

(2011.10.5~10.13)

http://www.shugiin.go.jp/itdb_annai.nsf/html/statics/shiryo/cherno10.pdf/SFile/cherno10.pdf

チェルノブイリの長い影

~チェルノブイリ核事故の健康被害~

Dr. Olha V. Horishna 著

発行:チェルノブイリの子ども達への支援開発基金(2006年)
(Children of Chornobyl Relief and Development Fund)

◎ **1987-2004の比較**
小児の新生物または腫瘍は8倍以上増加/小児の行動障害及び精神障害はおよそ2倍
小児の泌尿器系、生殖器系の罹患率はほぼ7倍/先天性異常はおよそ5倍
◎ **ウクライナで毎年2000人を超える新生児が心臓異常、もしくは胸部異常で死亡**
◎ **ベラルーシ。甲状腺がんの発症が80倍という報告**
◎ **汚染区域の女児。8~12歳。79.7%が骨髄線維症。**
◎ **内分泌系疾病は汚染被害を受けた子どもは国全体の3倍の発生**
◎ **汚染地域に住み続けている子どもの血液系統の疾病は他地域の2倍~3倍**

資料32　衆議院議員団のチェルノブイリ事故調査報告書

ん者は42万人と予測しており、6,258人の過剰発がん者と予測している原子力推進派と大きな違いが見られる。どちらが正しいかは別として、リスクに対する考え方や計算の仕方によりこれだけの違いが出るのである。

ちなみにICRPはがん死亡者数として1万人・1シーベルト当たり100人としているが、**資料34**に示すゴフマンの評価では3,700人と報告されている。37倍の違いである。また中間の予測値としては、米国の科学アカデミーのBEIRⅢ委員会報告(1980年)では77～226人、ロートブラットの評価は800人、日米の共同研究機関である放射線影響研究所(放影研)は1,300人としている(1988年)。また年齢による感受性の差を報告したゴフマンの評価では成人男性を基準としているが、「がん死の危険率」は年齢により大きく異なることも報告されている。ICRPは一番低い見積りのデータだけを与えて一方的に安全だ安心だと言っているのである。

原発作業員と福島県民の被曝線量の問題

ICRPは被曝の防護基準を「公衆被曝」「職業被曝」「医療被曝」の3つのカテゴリーに分け、年間線量限度を勧告している。**資料35**に職業被曝の主なものと一般公衆の被曝限度に関するICRPの勧告を示す。

普通の人であれば一般公衆なので年間線量限度は1mSvである。これもICRPの長い歴史の中で徐々に下げられて、1990年勧告で年間1mSv(例外は認めない)となった。職業被曝は一般公衆被曝の20倍に設定され、年間線量限度は5年間で100mSv、平均すれば年間20mSvだが、毎年ほぼ一様に被曝する場合は生涯線量が約1Svを超えないようにと勧告している。5年平均で20mSvである。その間の1年間に最大50mSvを超えてはならないとしている。また、女性の職業被曝は男性と区別されていないが、妊娠と判明した時点から出産までの期間中に腹部の表面で2mSvと勧告している。なお医療被曝に関しては、診断や治療をするメリットが優先されるので、基本的には限度は設定していない。

またガラスバッジ等の個人線量計を携帯してモニタリングされ、教育訓練や毎年12カ月を超えない期間に健康診断も義務付けられている。しかし事故後、政府は作業員の被曝限度を急遽250mSvにした。500mSv程度で白血球が低下するとされているので、さしあたっては放射線の影響は出現しない線量だが、しかし染色体異常や晩発性のがんや慢性疾患の出現は否定できない。事故収拾の

健康被害は多種多様、がんはその10分の1にすぎない

ロシアのブリャンスク州(高汚染)、カルガ地方(低汚染)
および全ロシアの固形がん発生率

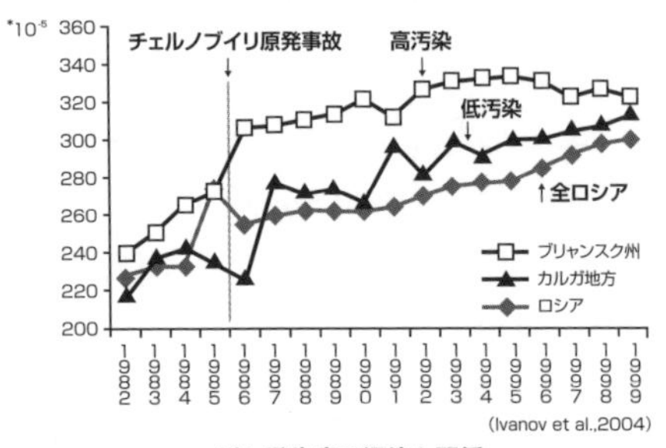

がん発生率は汚染と関係

『チェルノブイリ――大惨事が人々と環境におよぼした影響』
ニューヨーク科学アカデミー
(2009年)

1Ci/km²=37,000Bq/m²以下に抑えるべき

空間線量に換算すると自然放射線も含めて年1mSv程度
(セシウム137から年0.74ミリ + 自然放射線から年0.35ミリ)

資料33　チェルノブイリ事故の教訓

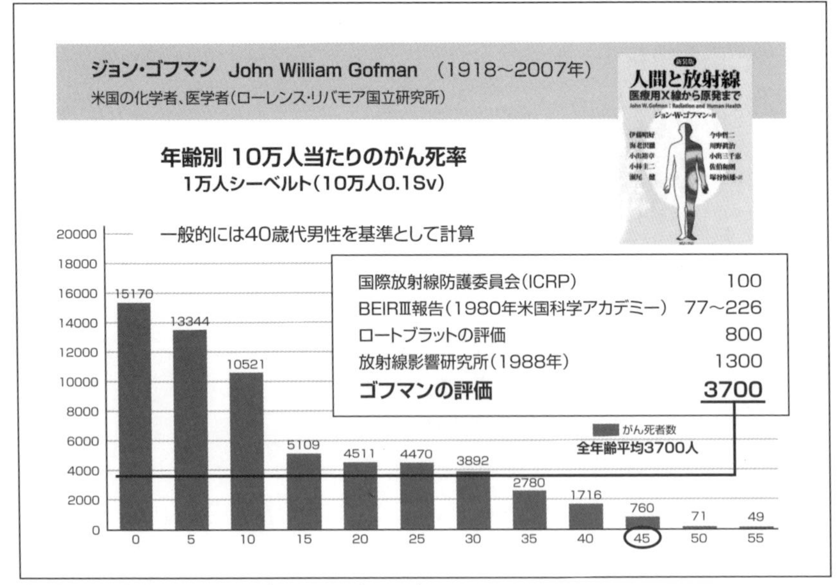

資料34　年齢別10万人当たりのがん死率

ためとはいえ、なんともご都合主義である。

なお、日本の法律では一般公衆の被曝限度に関する法律はなく、唯一原子力規制法により、原発敷地外には1mSv/年以上となる放射線を出してはいけないという法律があるだけである。このため、一般人は原発敷地内に生活しているわけではないので、間接的に年間1mSv以下となるだけの話なのである。福島県民に強いている年間20mSv（2.28μSv/h）は放射線管理区域の境界の3.8倍の線量であることは第1章で述べたが、現在、政府が福島県民に強いている「年間20mSv以下なら住んでもいい」は明白な法律違反なのである。

また法律では40KBq/㎡（この時の線量は1.3μSv/hとなり、年間線量に換算すれば1.14mSv）の地域では防護服を着用することになっているが、この基準から言えば、福島県に住むためには防護服の着用が必要なのである。そしてその事態は住んでいるかぎりずっと続くのであるからトンデモナイ話なのである。

確率的影響に関しては「閾値なしの直線仮説」が国際的なコンセンサスとなっているが、日本政府は100mSv/年以下では過剰発がんはないとし、「20mSv/年で安全に帰還」という立場で復興を目指している。これは1～20mSv/年の線量地域で生活することによる健康被害の人体実験であり、福島県民の人権を無視した棄民政策である。

国連の人権理事会特別報告者アナンド・グローバー氏は日本政府に対して人権に基礎を置き、低線量被曝の影響を重視して、1mSvを基準とする住民に対する施策を拡充するよう、抜本的な政策転換を求める勧告を出したが、日本政府は全く聞く耳を持たずの姿勢であった。百歩譲って外部被曝だけで空間線量率5mSv／年だとしたら、一応は放射線管理区域の境界（年間5.2mSv）外に住むことになるので、せめて放射線管理区域外に出すぐらいの基準を国は設定すべきであった。1～5mSv/年の範囲は移住権利区域として、高齢者が住みたいと言ったら住んでよいとし、移住したければ支援するという柔軟な対応が必要であった。

廃炉に向けた労働力に関しても極めて深刻である。チェルノブイリでは石棺で覆い、100年後にデブリの取り出しを考えている。また事故直後は別として、主に軍人が国の命令で仕事に従事した。そして死亡した場合は勲章が与えられた。

しかし、福島の場合は汚染水がだだ漏れの状態が続いているばかりか、格納容器も破損しているためデブリの取り出しは容易ではない。30〜40年のロードマップの予定ではとても収拾できるとは考えられない。労働者の被曝を考慮すれば、おそらく100〜300年の時間を要すると思われる。

今後は東南アジアから労働力を集めたり、日本も徴兵制にして労働力を確保するような事態になりかねないと思うほど深刻なのである。ただ真実が報道されていないだけなのである。

小児甲状腺がんの問題

2011年3月11日の福島第一原発事故直後に福島医大のスタッフは全国から安定ヨウ素剤をかき集めて自分たちだけは服用した。また福島県民健康管理センターは基礎となるヨウ素の線量測定をしなかったことを不問とし、後からの推定線量で100mSv以下であり、50mSv以上の人もほとんどいなかったと発表した。だから甲状腺がんの発がんも考えにくいとしているのである。だが、福島県の健康管理の責任者となった山下俊一氏は、2009年の内科の雑誌に掲載した「チェルノブイリの20万人の子どもの大規模な調査の結果」という総説的論文で「比較的小さい段階で既に転移しているものが多かった」と述べ、また「10から100mSvの間で発がんが起こりうるというリスクを否定できません」と書いている。しかし事故後は100mSv以下では発がんのリスクがないと見解を翻し、福島県民の前で「笑っていれば放射線の障害は出ない」と笑って発言している。まさに御用学者そのものである。こうした人が責任者であれば国民は信用しないのは当然である。

さらに事故後に甲状腺の推定被曝線量と甲状腺がんと診断された子どもたちとの関係を議論しているが、これも全く放射線の線量分布について理解していないことの証明にしかなっていない。I-131からの放射線はβ線なので、飛程は1〜2mmである。甲状腺に取り込まれたI-131の周囲は膨大に被曝するから発がんするのである。これを等価線量とか実効線量で議論すること自体が間違いなのである。**資料36**にI-131のβ線の深部率曲線を示すが、被曝しているのはI-131微粒子の周辺1mm程度の細胞なのである。これを甲状腺の臓器全体の等価線量に換算して議論しているわけである。いかにピントがずれているかわかるだろう。

約半年後に福島県民健康管理センターが事故当時18歳以下だった子ども36

放射線業務従事者に対する線量限度（ICRP）

区分		線量限度
実効線量		100mSv/5y（1年間に50mSvを超えない）
等価線量	眼の水晶体	150mSv/年
	皮膚	500mSv/年
妊娠可能な女子の実効線量		3カ月につき5mSv
妊娠中である女子の線量限度（出産までの期間）		腹部表面の等価線量2mSv 内部被曝について1mSv
緊急作業	実効線量	100mSv⇒（250mSv）

一般公衆の被曝限度：1mSv ⇒ 20mSv

資料35　放射線業務従事者と一般公衆に対する線量限度（ICRP）

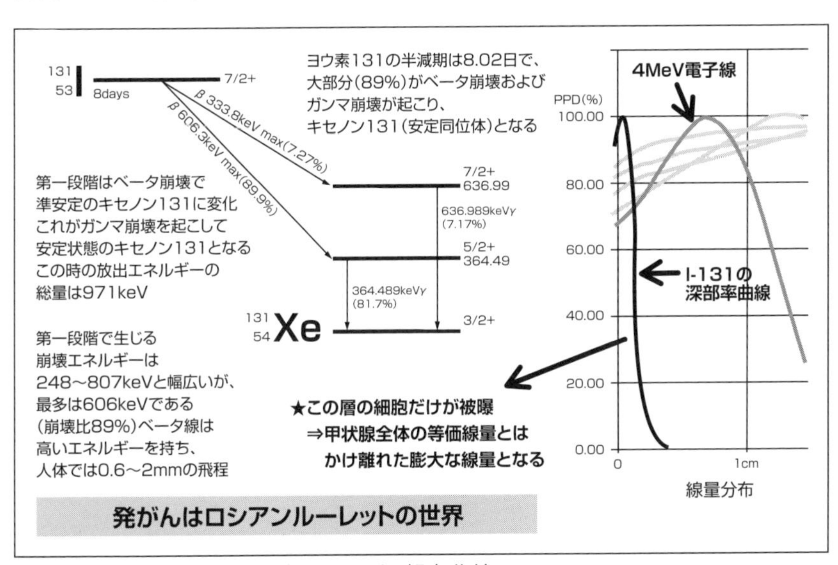

資料36　ヨウ素-131の崩壊モードと深部率曲線

万人を対象に超音波診断装置による甲状腺検査を開始した。先行調査とされた2011年度には2,787人に1人、2012年度は2,488人に1人、2013年度には2,880人に1人の頻度で甲状腺がんが発見され、最終的に検査した約30万人から、112人が悪性腫瘍疑いと診断され、99名に摘出手術が行われた。先行調査全体では2,675人に1人の頻度で発見されたのである。

この結果を受けて、脱原発や反原発の立場の人たちは、放射線による甲状腺がんの多発を主張しているが、これもがんの増殖に関する自然史を考えれば無理がある。先行調査で自然発生の放射線とは関係ない有病者を発見しているのである。そのため2014年から始まった本格調査では数人の甲状腺がんの診断例が発見されているだけである。20〜30年後に腫瘍が増大し、症状を呈して病院を受診し、中年以降になって甲状腺がんと診断される人をスクリーニング検査により、無症状の段階で発見しているだけなのである。

チェルノブイリでは事故後5年後から検査が開始されたので、自然発生の甲状腺がんが発見され出したが、本当に増加したのは10年以上経過してからである。日本のがん登録では、小児甲状腺がんは100万人に2〜3人とされているが、このデータは不完全ながん登録の数字であり、小児甲状腺がんの治療を行って登録された一部の患者数をその年齢層の全人口で割ったものであり、比較できるデータとは言えないのである。潜伏がん（死後の解剖で発見されるがん）の代表である甲状腺がんがこの程度の数字とは考えにくく、また有病率と発見率と発症率の違いも考慮して検討されるべきなのである。次にがんの増殖・増大に関する基本的なことを**資料37**に示す。

まず「悪性新生物（がん）は一日してならず」であることを認識すべきである。何らかの要因で遺伝子に傷がつき発がんするが、「がん抑制遺伝子」と「がん促進遺伝子」のせめぎ合いの中で細胞ががん化しても臨床的に発見できるサイズとなるためにはかなりの時間を要する。人間の細胞は6〜25μmであるが、仮にがん細胞の大きさが10μmとすると、倍々ゲームで増大しても1cm大の塊となるためには30回（2^{30}）分裂し、約10億個（=1g）の細胞の塊とならなければ見つかりにくいのである。

胃や食道等の粘膜に表在性に進展する厚みのない腫瘍は別として、現在の医学では塊としてはやっと1cm程度の腫瘍がポジトロン・エミッション・トモグラフィー（PET=Positron Emission Tomography）で検出可能となってきた。また、肺野型（気管支の奥から発生する）肺がんなどでは肺野条件のCT検査で5mm程度の腫瘍を発見できるようになったが、がんかどうかを確認するためには穿刺による生検で確認する必要がある。肺病巣は呼吸性移動があり、また針生検による気胸のリスクもあ

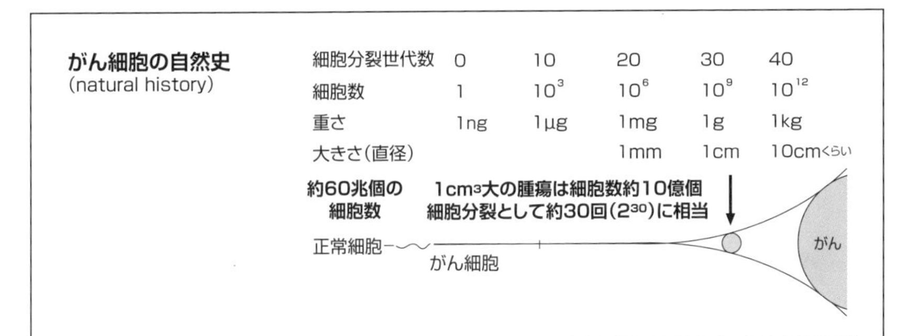

平均的増殖分画と倍加時間

がん腫	増殖分画(%)	倍加時間(日)
生殖細胞がん	90	27
リンパ腫	90	29
肉腫	11	41
扁平上皮がん	25	58
腺がん	6	83

人体の細胞は10μm程度(6〜25μm)。
がんのサイズは増殖分画と倍加時間が関係している。

一般的に放射線誘発がんの発見は白血病7年、固形がん10年が目安。しかし最近の診断学の進歩で10年以内でも小病巣で発見できるようになった。

⇒約1cm(1g)のがんは10^9(=10億)個の細胞数であり、多くの固形がんはこれ以上のサイズで発見されている。PET検査では1cmの塊の病巣が検出できるようになった。

資料37　がんの増大に関する基本的な問題

り、1cm程度のサイズとなってから診断が確定できるのが実状である。

しかし、甲状腺はほぼ均一な実質臓器であり、前頸部の皮下に位置していることから、5mm程度の腫瘍があれば超音波装置をガイドとして生検できる臓器である。このため現状では最も小さい塊のサイズで発見できるがんであるという特殊性があり、全く症状を呈しない早期の小さながんも発見できることから、スクリーニング検査を行えば高率にがん病巣を発見できる臓器なのである。そのため、甲状腺がんの場合は1cm以下は極めて見つかることがない微小がんと定義されている。しかし、今回見つかっている甲状腺がんの3分の1以上は微小がんである。

資料37にがんの自然史を示したが、1個が2個になる倍加時間は白血病や悪性リンパ腫のような進行の早い血液のがんは約1カ月程度である。比較的緩慢に増殖するがんは3カ月以上の時間を要する。

また全てのがん細胞が増殖しているわけではなく、休止期にあるがん細胞もあ

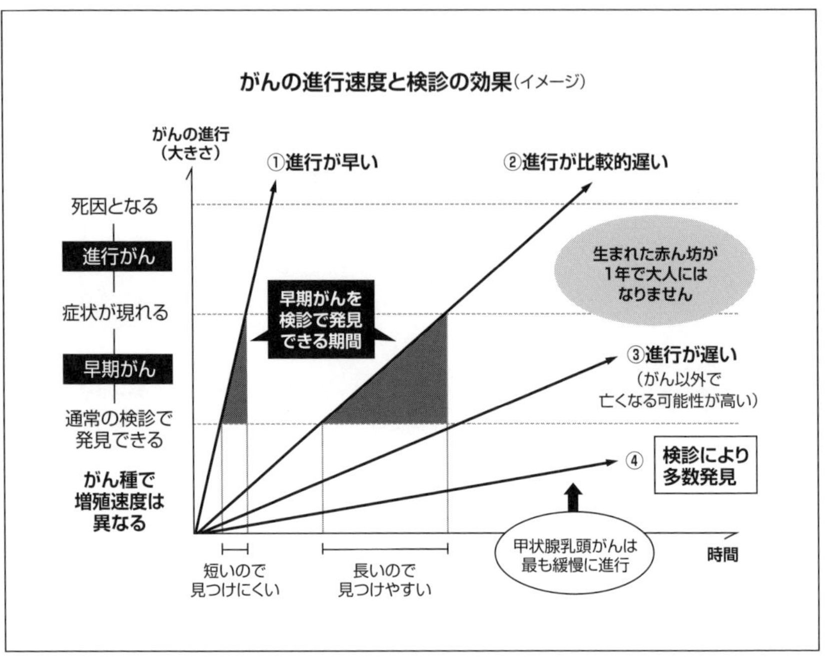

資料38　がんの増殖スピードと発見時期の関係

- 日本人の食生活ではヨウ素は過剰摂取しており、甲状腺は飽和されており、放射性ヨウ素の取り込みは少なかった
- 福島事故のI -131の放出量はチェルノブイリ事故の7%程度であった(今中哲二氏試算)
- 放射線誘発甲状腺がんは内部被曝が原因であり等価線量もあてにならない
- がんの自然史を考慮すべき(甲状腺乳頭がんは最も緩慢な経過の腫瘍である)である
  *1cm³の腫瘍は約10億個の細胞数(腫瘍のサイズは細胞数・倍加時間・増殖分画が関係)
  *甲状腺乳頭がんは最も緩慢な経過のがんであり、45歳以下はI期・II期のみ
  *甲状腺周囲はリンパ流が豊富で頸部リンパ節転移が多いが予後は良好
- 超音波画像診断の精度向上で最も小さいサイズで診断可能な臓器である
- 乳頭がんの有病期間を20年としがん登録の年間罹患者数から推定すれば、1/350人保有
- スクリーニング検査による有病者数とがん登録者数を比較し論ずるのは間違い

資料39　先行検査で発見された甲状腺がんは放射線誘発がんではない根拠

るため、がんの塊の中で増殖している増殖分画は10〜90%と幅があり、またアポトーシス（細胞の自殺）も起こっている。

このため、進行の早いがんでも倍加時間が1カ月で、増殖分画が100%で、アポトーシスもないと考えても1cm大（10億個の細胞数）となるためには30回の分裂が必要となり、約30カ月を要することとなる。甲状腺がんの大多数を占める乳頭がんの場合は全てのがん腫の中でも低悪性度の前立腺がんと同様に最も緩慢な経過を取る疾患であり、1cm大となるためには10〜20年以上の長い期間を要すると考えられる。この時間的な増大スピードを考えれば、1〜2年で1cm以上のがんになることは考えにくい。種々の悪性腫瘍はこうした増殖分画や倍加時間により増大するスピードは大きく異なるが、甲状腺乳頭がんは全てのがんの中で最もゆっくりと進行するがんなのである。また一般論として、がんの進行スピードが速いほど転移もしやすく、予後は不良となる。**資料38**に種々のがんの増殖スピードに関するイメージを示す。

米国国立科学アカデミーのレビューによれば、発がん因子曝露後の小児がん（白血病・リンパ腫以外）の最短潜伏期間は1年であるという報告があるが、発見できるサイズのがんはある程度時間を要すると考えるべきである。小児甲状腺がんの場合は進行が早いとしても1年で1cm大となるとは医学的には考えられないのである。生まれたての赤ちゃんが1年で成人にはならないのと同じである。

ちなみに医学の教科書では、広島・長崎の原爆投下のデータから、放射線誘発がんの潜伏期間は白血病で7年、固形がんで10年とされている。白血病の場合は血中に白血病細胞を見つければ診断できるため比較的早期に発見できるが、塊としての固形がんの場合はそれよりも発見が遅くなるためである。

しかし、最近の画像診断の進歩により、より小さなサイズでも腫瘍を発見できるようになったため、放射線誘発がんの発見は10年以下でも可能となっている。発見できる腫瘍の潜伏期間も、増殖スピードの速いものか、緩慢な増殖スピードのものかにより大きく異なるが、臓器の特殊性から5mm程度のサイズで発見できるようになり、その典型が甲状腺がんなのである。このため、チェルノブイリでは事故後10年以内でも事故当時0〜6歳の放射線感受性が最も高い子どもたちに甲状腺がんが発見されていた。

最後に甲状腺がんの問題に関するまとめを**資料39**に示す。またこの問題については、「市民のためのがん治療の会」のホームページ上での私の掲載原稿を参照していただきたい。

http://www.com-info.org/ima/ima_20160126_nishio.html

http://www.com-info.org/ima/ima_20160202_nishio.html

放射線による確率的影響の有害事象は、一般論として被曝線量が高ければ発生頻度は高くなり、また早期に出現し、線量が少なければより遅れて発がんする。この点を考えると、もし現在発見された甲状腺がんが放射線起因性のものであるとしたら、極めて高い被曝線量だったこととなり、また超スピードがんの性格を持つので、増殖能が強く、転移も多くなり、肺や骨への遠隔転移も生じ予後不良となる。しかし幸いなことに、10年経過しても甲状腺がんで死亡した子どもたちはいない。

また超音波検査が開始されてから、A2判定（5mm以下の結節 or/and 2cm以下ののう胞）が多くの人に見られて騒がれたが、この医学的な意味について、私は成長期の子どもの甲状腺組織が増大する過程での一過性の反応でしかないと考えている。つまり病的なものではない。**資料40**は典型的な小嚢胞（のうほう）が多発するA2判定の画像である。

このA2判定における嚢胞の特徴は、多くは多発性の小嚢胞であり、部位は甲状腺組織が発育増大する背側・足側・外側にあり、また左右に同様な所見が見られる——ということである。私はこのため多発性小嚢胞の医学的意味は成長期の甲状腺組織の反応であると考えている。私が行った検査では、A2判定の98%以上はこのパターンであり、5mm以下の結節でA2判定となるのは1%以下であった。

増大する成長期にある甲状腺組織において、ヨウ素を世界一摂取している食生活の環境下で、細胞の増殖スピードが追いつかず、細胞間の隙間に甲状腺ホルモンの液性成分が貯留し、のう胞として画像で描出されるのであり、成長期の過程の現象であり病的なものではないと考えられる。全く心配する必要はないものなのである。大きなサイズのものは少なく、1mm以下の黒点としか言いようのない所見も多い。多くは1～3mm程度の嚢胞が多く、嚢胞内には白い粒状の所見も見られ、典型的なコロイド嚢胞の像を呈している。また年齢層では成長期の小学生高学年から中学生が最も多い。

小児甲状腺内の多発性小嚢胞の医学的意味は?

●多発性　●背側・足側・外側(発育増大方向)　●左右に同様な所見

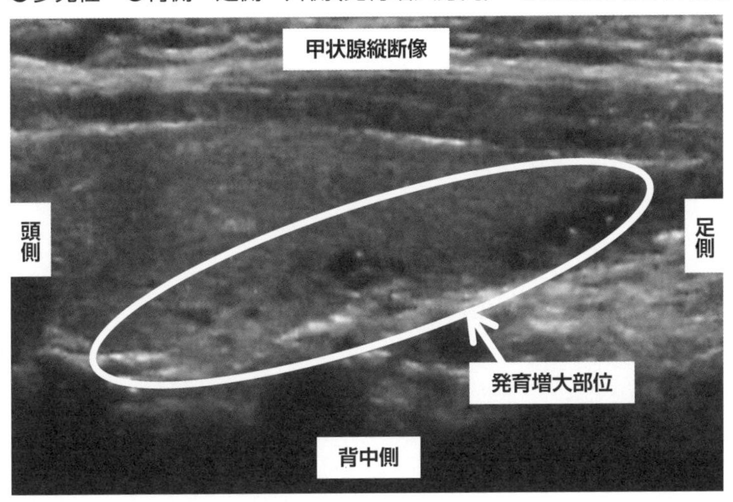

(西尾仮説):成長期の甲状腺組織の一時的な対応か?

増大する甲状腺組織において、細胞の増殖スピードが追いつかず、細胞間の空洞に甲状腺ホルモンの液性成分が貯留し、のう胞として画像で描出される = 成長期の過程の現象であり病的なものではない

資料40　小嚢胞が多発するA２判定の画像

今後も長期的に検査を継続する必要があり、政府もしくは行政が「甲状腺検査を受ける権利を証明する書類」を発行し、全国どこに住んでいても検査を行える体制を整えることが必要である。

第5章
隠蔽され続ける
内部被曝の恐ろしさ

はじめに

原爆開発の過程で内部被曝が深刻な健康被害をもたらすことを米国は把握したが、それは1943年から軍事機密扱いとされた。放射線の健康被害に関する報告や勧告を出しているICRP(国際放射線防護委員会)は核兵器製造や原子力政策を推進する立場で活動している民間組織である。

内部被曝に関しては隠蔽・軽視されているICRPの報告や勧告の内容が、日本をはじめ各国の放射線管理に関する国内法に取り入れられ、医学教科書もICRPの内容で書かれており、世界中の人々がICRPの催眠術にかけられている状態である。「嘘も百万遍言えば本当になる」という通り、科学の内容も目的や立場によって作られるものなのである。われわれは一見科学的な体裁をしたエセ科学を鵜呑みにして議論しているのである。ICRPの最大のインチキは、放射線の人体影響は被曝形態によって影響度が異なるはずなのに、すべての被曝を全身の影響の指標として実効線量シーベルト(Sv)という単位に換算して議論していることである。

しかし、単純に考えても放射線の影響は基本的に被曝した細胞や部位は影響を受けるが、被曝していない細胞や部位にまでは影響を受けない。すなわち被曝の影響は付与されたエネルギー分布と相関する。また人体影響は急性的被曝か慢性的被曝かで異なる。全身の被曝か局所的被曝かでも違う。例えばがんの放射線治療では病巣に60〜70グレイ(Gy)の照射を行うが、この線量はICRPの理論では致死線量(7Sv)の10倍の線量である。限局したがん病巣にだけ照射するので、治療を受けている人間が死ぬことはない。

さらに外部から一過性に被曝する外部被曝と内部から連続的に被曝し続ける内部被曝では影響が異なる。内部被曝では放射性物質が呼吸や食品からの摂取を通じ、あるいは開放創の傷口などから体内に入って、放射性物質の限局した小範囲にだけ放射線が当たる。内部被曝は人体に取り込まれた放射性物質から微量であっても長期的・連続的に照射され続けるということとなり、人体への影響はより強いものとなるのである。しかし、体内で放射線を出し続ける内部被曝の影響を全く科学的根拠もなく、実証もされていない預託実効線量係数という内部被曝線量の換算係数をでっちあげて、「外部被曝も内部被曝も線量が同じであれば人体影響は同等と考える」とICRPは勝手に決めている。内部被曝は極めて超極少化した数値となる計算上の操作をして、影響を軽視するようにしているのである。

福島第一原発事故による放射性微粒子の拡散

福島第一原発事故において、1号機は水素爆発をしたが、3号機は核爆発をした。そのため、放射性微粒子がプルームにのって全国に飛散した。『週刊朝日』2020年3月13日号で3号機は核爆発であったとする藤原節男氏の記事が掲載されていたが、それは9年経過して初めて大手のジャーナリズムで報道された事実だった。**資料41**は藤原氏のメール情報から引用した写真を合成して作成したものである。

3号機は1万度以上のピカ(熱線)があり、直後にキノコ雲状の爆発が生じている。まさに"ピカ・ドン"である。3号機は水素爆発ではなく、核爆発であったため、事故翌日のネット上ではハワイなど各地でプルトニウムやウランが大量に検出されていた。このため放射性微粒子がプルームに乗って東北・関東地方にも拡散した。この放射性微粒子の体内取り込みこそが内部被曝に繋がることとなるのである。

この場合は核種の科学的特性や半減期やエネルギーの違いによって人体に種々の影響を与える。すなわち内部被曝による諸々の症状の人体影響は一言でいえば、「長寿命放射性元素体内取り込み症候群」なのである。こうした放射性微粒子の体内取り込みによる健康被害は深刻なので、原子力ムラの人たちには隠蔽する必要が生じ、大手のメディアにおいても事故後9年以上も報道されていなかったのである。

実際に3号機の核爆発により発生した放射性微粒子が検出されていた。筑波市の気象研究所は大気中のPM2.5の測定を行っていたが、その過程で、事故直後の大気中の浮遊塵を捕集した。2013年8月に足立光司氏はセシウム(Cs)を含む不溶性の球状微粒子の存在について報告している(K. Adachi, et al : Scientific Reports Volume:3. 2554 : 2013.8.30.)。それによると、走査型電子顕微鏡に装着されたエネルギー分散型X線スペクトロメータによる分析で、Csの明瞭なピークが認められ、鉄や亜鉛も含まれていた。**資料42**に足立光司氏が検出したCsを含む不溶性の球状微粒子の報告の内容を示す。

2011年3月15日の採取試料には、0.5μm以上の微粒子が大気1㎥あたり平均

4,100万個含有されていた。Csを含む微小粒子は直径2.6μmで、Cs-137+Cs-134が6.58Bqであった。まさにセシウムホットパーティクルとでもいえるものである。なお、この“Cs Particle”を水に漬けた後で回収し、表面形状を観察したが、変化はなく、不溶性(難溶性)と判断された。この微粒子の問題は2014年12月21日のNHK ETV「サイエンスZERO」で『謎の放射性粒子を追え!』と題して取り上げられた。科学的に考えれば、少しも“謎”ではないが、気体中の放射線量を測定することから出発し、外部被曝だけで人体影響を考えているICRPの理論では“謎”だっただけである。

こうした爆発の状態に関し、放出された真球微粒子の存在などを考慮して、元三菱重工業(株)原発設計技術者で、退職後、原子力安全基盤機構検査員を5年間勤めた藤原節男氏は「3号機使用済み燃料プールにて、核爆発が生じた」と判断している。「福島原発」が「福島原爆」になったのである。藤原節男氏は、3号機核爆発の根拠を以下のように説明している。

*

〔3号機核爆発の根拠〕

真球のセシウムボールが生じるのは、核爆発のみである。真球のセシウムボールは、核燃料が、10,000℃以上となる核爆発でガス化、プラズマ化して、爆発後は、断熱膨張で内部温度が下がり凝縮、液化し、表面張力で真球ができたと考えるのが自然である。虹の発生は、大気中の水蒸気が、大気温度の低下で凝縮、液化し、表面張力で真球の水滴となり、真球の水滴に太陽光が照射されて、虹ができる。これと同じ現象である。

真球のセシウムボールは、核爆発以外では生じない。原子炉内の燃料集合体がメルトダウンし、メルトダウンした燃料が蒸発し、再度液化、固化して、真球のセシウムボールが生じたという説もあるが、メルトダウンでは、真球のセシウムボールは生じないのである。燃料集合体の主成分である二酸化ウラン(UO_2)の融点は、約2,800℃。メルトダウンでは、原子炉内の全燃料集合体が熔融するのではなく、原子炉中心部の燃料集合体が部分的に熔融する。原子炉内に、二酸化ウランの固体と液体が共存する場合には、二酸化ウラン融点以上の高温にならない。二酸化ウランの沸点は、5,000℃以上。したがって、メルトダウンでは、燃料が蒸発しない。真球のセシウムボールは生じない。10,000℃以上となる核爆発でないと、真球のセシウムボールは生じないのだ。これは、水と氷が共存する場合（オンザロックの場合）に、水温が0℃以上にならないので、沸騰しないのと同じ現象である。

＊

この3号機の核爆発により、**資料41**の下段に示すように、ハワイやカリフォルニアなどでも事故後にプルトニウム239やウラン238が観測されていたのである。

健康影響は、不溶性の放射性微粒子が、鼻・喉頭・口腔・咽頭の広範囲な湿潤した粘膜に付着すると影響が強く出る。この場合はいわゆる面積効果で、被曝している面積が大きいほど同じ線量でも影響が大きくなる。そのため鼻に付着すれば鼻血が出ても不思議ではないのである。鼻血を出しやすいキーゼルバッハ部位は空気中のダストが最も集積する場所である。キーゼルバッハ部位は鼻中隔の前下端部の皮膚と粘膜の移行部で粘膜も薄く、静脈が集中していて、その下が軟骨で構造上脆弱であるため外部からの刺激を受け出血しやすい部位である。不溶性のCsを含んだ微粒子が、呼吸で取り込まれ鼻粘膜に付着し、キーゼルバッハ部位に集まり粘膜を障害し鼻血を出すのである。呼吸で取り込んでもCsホットパーティクルの粒子が排出され鼻粘膜に密着して傷つければ、鼻血の原因ともなる。ICRPの論理からいえば、500mSv以上の被曝でなければ骨髄障害が起こらず、出血傾向が出ないので、鼻血は出ないと主張するICRP信奉者には考えられないことなのである。

放射線障害で骨髄抑制により出血傾向が出れば、鼻血どころではなく、歯磨き時に歯茎からも出血するし、紫斑も出るし、消化管出血や脳出血なども起こる。

この問題は、インチキ単位Svに換算して考えるICRPの考え方や、内部被曝を軽視する姿勢では説明がつかない。現実に血小板減少がなくても、事故直後は鼻血を出したことがない多くの子どもが鼻血を経験した。伊達市の保原小学校の『保健だより』には、「1学期間に保健室で気になったことが2つあります。1つ目は鼻血を出す子が多かったこと」と通知されています。また『DAYS JAPAN』の広河隆一氏は、チェルノブイリでの2万5,000人以上のアンケート調査で、避難民の5人に1人が鼻血を訴えたと報告している。私も札幌に避難してきた母親たちから、子どもの鼻血について聞いていた。

福島第一原発3号機の核爆発の瞬間（1/100秒）

【核爆発論拠1】

3号機爆発でのオレンジ色の光は、原子炉建屋中央部からではなく、
原子炉建屋南部（使用済み燃料プールの上方）から発生した。
核爆発の特徴は、ピカドンであり、核爆弾と同様、
内包するエネルギーが膨大で、熱線、γ線が発生する。
温度も1万度以上に上昇する。そのため、ピカッと、明るいオレンジ色に光る。

写真は藤原節男氏より

米国でプルトニウム・ウランが検出される：過去20年間で最大値!
プルトニウム239やウランが大幅上昇

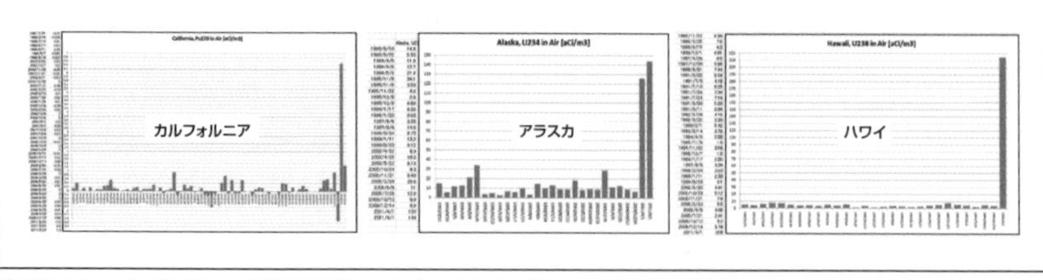

資料41　福島第一原発事故における１号機と３号機の爆発の違い

原発事故後のセシウムを高濃度に含む不溶性の球状微粒子についての論文
筑波気象庁気象研究所で事故直後から大気中の浮遊塵を捕集し研究

プルームに直径数μm以下の多量の球状粒子がある
セシウムを含む合金の微小粒子は直径2.6μm。Cs137+Cs134が 6.58Bqであった

Kouji Adachi, et al: Scientific Reports Volume: 3, Article number: 2554 : 2013.8.30.

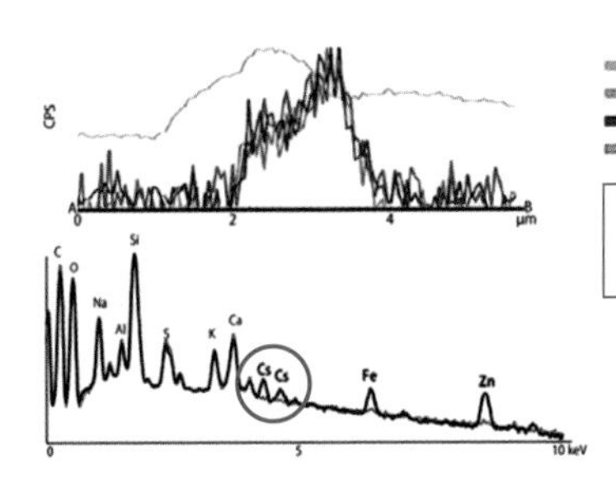

2μm程度の放射性微小粒子・最大6.58Bq
セシウム以外に鉄、亜鉛、マンガン、鉛を含む

エネルギー分散型X線
スペクトロメータ(EDS)による分析では、
Csのピークが認められ、鉄や亜鉛も含有

"Cs Particle"を水に漬けた後で回収し、
表面形状を観察したが、変化はなく、
不溶性(難溶性)と判断

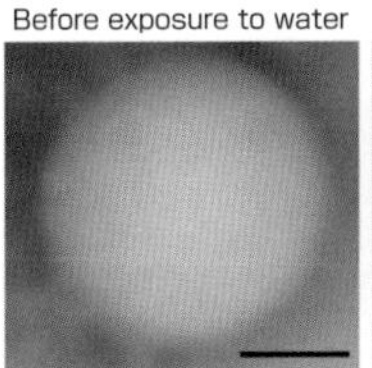

南相馬市の小学校前で(2013/7/26から10日間)
吸引(32.368㎥)したハイボリュームダストサンプラー(地上1m)を測定

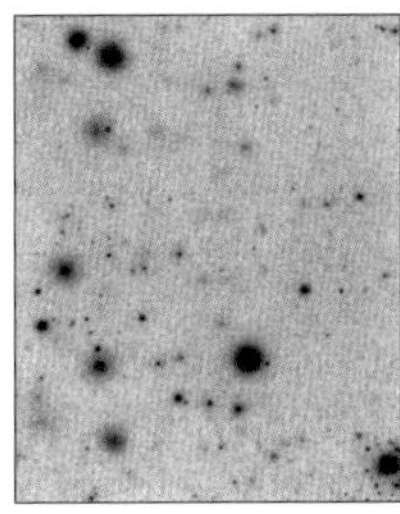

イメージングプレートで3日間判定

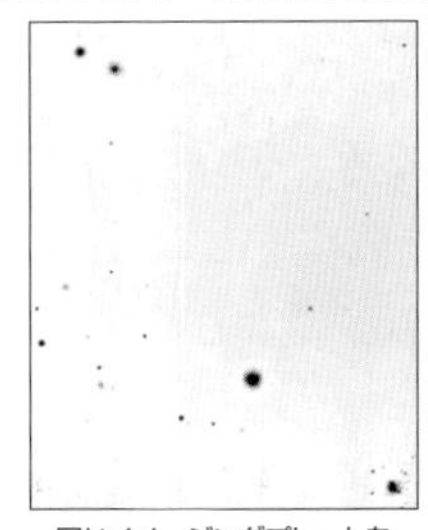

同じイメージングプレートを
約1/10まで感度を落としノイズを除去

現在でも
Csを含んだ放射性微粒子が
大気中に浮遊

放射性物質のほこり
直径が約1μm
(1/1000mm)(1兆個の原子)

資料42　内部被曝となるCs-137を含んだ微粒子

青年漫画誌『ビッグコミックスピリッツ』(小学館)の漫画「美味しんぼ」で描かれた「鼻血」が話題となり、鼻血論争があったが、この論争を通じて明らかになったことは、政府・行政が血眼になって「風評被害」だとして、原発被害を狭小化しようとしたという姿勢であり、全く無知な政治家や大臣が立場だけで発言することや、ICRPの盲信者たちが自分たちの頭脳では理解できないことは「非科学的」と否定する、科学者としての謙虚さのカケラもない姿勢であった。

現実に事故後は鼻血を出す子どもが多かったのである。その現実には勝てないので多くの学者は沈黙していたが、急性期の影響がおさまって鼻血を出す人が少なくなったことから、鼻腔を診察したこともないと思われる専門家と称する学者たちは、政府や行政も巻き込んで放射線の影響を全否定する発言をした。これはまさにICRPのエセ科学盲信者の科学的思考の欠如と、原発推進者たちの無知と事実の隠蔽に他ならないのである。

資料42の左下の2枚の写真は、私がCsを含んだ微粒子をイメージングプレートで証明したものである。これは南相馬市の某小学校の前に設置していたハイボリュームダストサンプラー(地上1m)で、2013年7月26日から10日間使っていたフィルターを某市会議員から送ってもらってイメージングプレートに重ねて画像化したものである。

事故後2年以上経過しても、生活空間の大気中に大小さまざまなCsを含んだ微粒子が浮遊しており、呼吸で体内に取り込まれているのである。通常は原子や分子は何らかの物質と電子対として結合し存在しており、Cs-137も塵やほこりに付着して放射化した微粒子の状態となり、大気中に浮遊しているのである。人間はこうした放射性塵やほこりを呼吸により鼻粘膜に取り込み被曝することになるが、微量な放射線量でも極限で考えると、原子の周りの軌道電子を叩き出し電離を起こす。事故後に生じた鼻血もこうした大気中に浮遊した塵と結合したセシウムホットパーティクルを吸い込み、湿潤した鼻腔粘膜に付着したため鼻粘膜の被曝によるものなのである。

なお、岩波書店の『科学』という雑誌の2016年8月号に、この年の3月に定年退職した広島大学の放射線医科学研究所で放射線の人体影響を研究していた大瀧慈氏が論文を載せている。この論文のタイトルが、「広島原爆被爆者における健康障害の主要因は放射性微粒子である」というものである。原爆投下されて

70年以上経過して、やっと放射性微粒子による内部被曝が実は深刻な健康被害をもたらすということに気づいてくれたのである。

内部被曝のエネルギー分布

内部被曝が外部被曝より危険なのは被曝しているエネルギー分布の違いからだ。放射性微粒子に接している細胞には膨大な線量が当たっているのである。

こうした微粒子が呼吸や食事で体内に取り込まれた場合はどうなるのであろうか。この問題は微粒子のサイズによって体内動態は全く異なる。人体の細胞の直径は6～25ミクロン(μm)であるが、ナノメートル(nm)のサイズの微粒子では、体内動態は大きく異なる。

資料43に微粒子のサイズによる体内動態を示す。花粉などの微粒子は30～40μmであり、気管支粘膜の生体防護機構である絨毛運動により、異物として排出され痰として排出される。大気汚染のPM2.5が問題となるのは、この程度のサイズから肺胞にまで達するためである。タバコの煙は1μm以下なので肺胞にまで入り、肺機能を悪化させる。1μmというのは1mmの1,000分の1で、nmはμmの1,000分の1単位だから、100nmとは0.1μmであり、1万分の1mmである。この100nmの微粒子はコロナウイルスと同等なサイズであり、粘膜や細胞膜や血管壁を通る。肺胞は毛細血管で取り囲まれているので、血管内に入り全身を循環する。妊娠していれば、胎盤の血液循環を通して胎児も被曝する。また核種によっては臓器親和性があり、その臓器に集積されるため電離密度も高くなり影響は強くなる。

ストロンチウム(Sr)であれば2価アルカリ土類金属のカルシウム(Ca)と同族体であるため骨に集積する。

Srの骨組織への取り込みは造骨活性に依存するので、成長期の子どもの骨に取り込まれ蓄積し、β線を放出し続けるのである。こうした臓器へ侵入する経路や滞在時間や集積・蓄積により影響は異なるのである。この状態を考えれば、チェルノブイリ事故後のがん以外の慢性疾患の増加は医学的には説明ができる。いわゆる「長寿命放射性元素体内取り込み症候群」として考えることができるのである。

また、食品から摂取するカリウム(K-40)は、体内ではKイオンとして存在してい

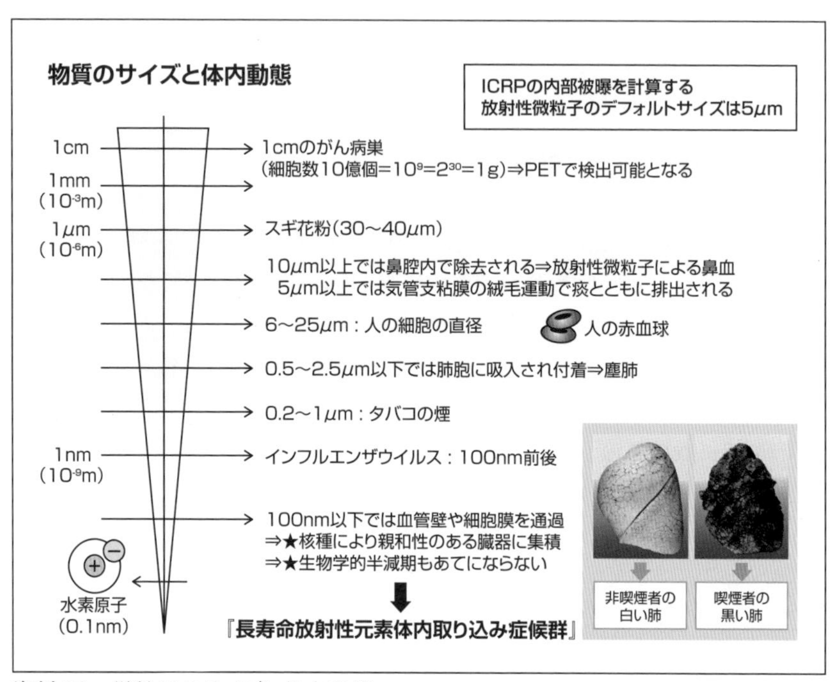

資料43　微粒子のサイズと体内動態

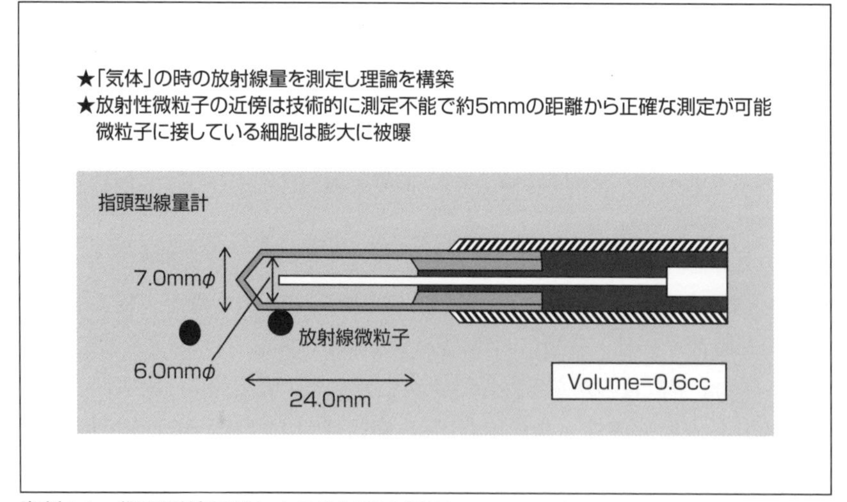

資料44　指頭型線量計による放射線の測定

Cs-137の深部率曲線(内部被曝の恐ろしさ)

Cs-137　γ線(0.6617Mev)

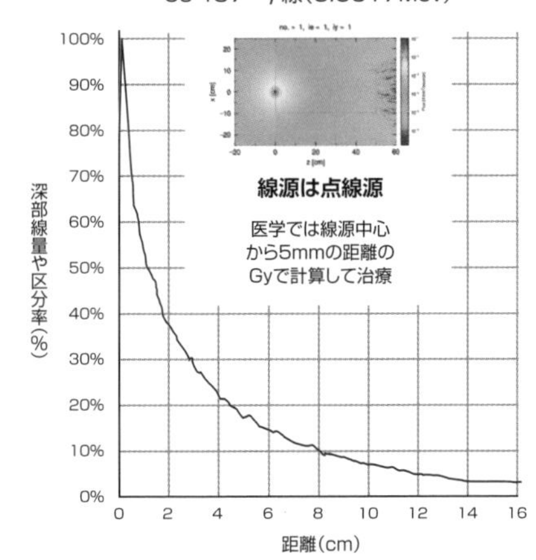

距離(cm)	線量百分率
0.05	78.4%
0.1	100.0%
0.5	70.7%
1	53.6%
2	37.2%
3	28.1%
4	22.4%
5	17.8%

Cs-137　β線(1.174Mev+0.5120Mev)

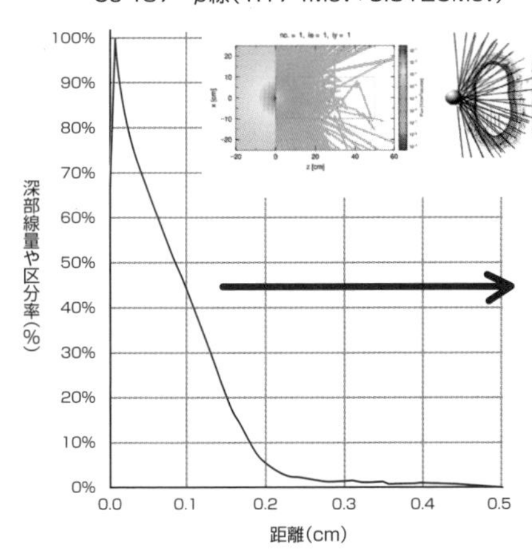

距離(mm)	線量百分率
0.028	64.5%
0.08	100.0%
0.86	50.2%
1.068	40.3%
2.004	5.1%
3.044	1.70%
3.98	1.00%
5.02	0.30%

線源近傍の細胞は膨大な線量が当たっている!

吸収線量は半径20cm×50cmの円柱水ファントムの吸収線量を示す円柱以外の空間は真空。
計算はモンテカルロ(Phits バージョン2.81)

資料45　Cs-137の深部率曲線

るが、原発事故で放出された放射性物質の微粒子サイズは大きいため、心筋などでは細胞膜のKチャンネルを障害すれば、心筋の細胞内外のKのバランスを崩し、心伝導系の異常をきたし、不整脈が生じ、心停止を来し突然死につながる。このため、米国での死刑執行はKの点滴静注により行われている。

こうした微粒子サイズにより、体内動態は異なるが、ICRPによる内部被曝の計算においては微粒子サイズのデフォルトは5μmとして考えており、これでは呼吸により放射性微粒子が血中に入ることもなく、全く人体影響の実態は反映されないこととなる。

自然核種のKやNaなどの多くは0.2〜0.6nmのサイズであるが、人工核種の多くは小さくても100nm〜20μmであり、粒径100nmの人工核種の体積は0.6nmの自然核種の460万倍となり、特定部位の臓器にも集積するのである。

またICRP盲信者は、Kも成人の体内には約4,000Bqあり、β線を出して年間0.17mSvの被曝となっているというが、これも人体の中でのKイオンのエネルギーや代謝を考えれば、Kからのベータ線は1年間に1個の細胞数へ2Bq弱しか当たっていないのであり、全く無視できるものなのである。

さらにICRPは、「線量が同じであれば、外部被曝も内部被曝も人体影響は同等と考える」と全く根拠もなく勝手に取り決めているが、ここでは空間的線量分布（付与されるエネルギー分布）は全く考慮されていない。このため内部被曝の実効線量の計算では、放射性物質の近傍の限局した局所の細胞にいくら当たっているかを計算するのではなく、全身化換算するため超極少化した数値となる。

内部被曝がより危険なのは被曝しているエネルギー分布を見れば理解できる。放射性微粒子に接している細胞は膨大な線量が当たっているのである。

放射線の検出法としては、大きく分けて3つの方法がある。電離作用を利用、蛍光作用を利用、その他に「放射線と物質との相互作用」を利用するなどの方法であるが、その中心は電離量を測定することである。測定法としては以下の3つの方法がある。

①そのまま電気信号として測定するもの

②電離電子が周囲の原子を励起した結果、発光現象を発生させる場合は、この発光量を検出するもの

③電離電子が発生したことによって物質内の化学的な状態が変化する場合

は、化学的な変化を発生させた原子や分子の量を測定することで放射線を検知する

こうした測定法の中で最も精度の高い指頭型線量計を**資料44**に示す。先端の0.6ccの容積内の気体中の電離量を測定して放射線量を検出しているが、放射性微粒子が5mm程度離れていれば、0.6cc中に平均化されてもほぼ正確に測定できる。しかし放射性微粒子が測定器に接している場合は、接している点での線量も0.6ccに希釈されるため、放射性微粒子の近傍は技術的に正確な測定はできないのである。

放射性微粒子の近傍は技術的に測定不能で、約5mmの距離からであれば正確な測定が可能となることから、医学における小線源治療では線源中心から5mmの距離での吸収線量で治療を行っているのである。

この吸収線量の値を出すには便宜的にモンテカルロ法（モンテカルロ法とは数値計算手法の一つ。乱数を用いた試行を繰り返すことにより近似解を求める手法で、確率論的な事象についての推定値を得るために行う）による数値計算手法が用いられる。そのCs-137の深部率曲線を計算したものが**資料45**である。放射線の影響は基本的には被曝した細胞や部位のみであり、線量分布を軽視・無視し、非被曝部位も含めて全身化換算してSvで評価することは人体影響を正しく評価できないのである。

深部率曲線では線源近傍は膨大な線量が当たっている。Cs-137はγ線もβ線も出すが、γ線の場合では線源中心から1mmの距離の線量（100%）と比較すると、5mm深部では70%となり、1cm深部では53.6%、5cm深部では17.8%となっている。β線においては0.08mmを100%とすると、1mm離れれば、約40%となり、2mm離れれば5.1%となり、5mm深部では0.3%となっている。

したがって事故当時に放射性微粒子が鼻粘膜に付着すれば鼻血の原因となるが、鼻粘膜の被曝線量が全く議論にならなかったのは線量測定もできなかったためなのである。

このように線源からの距離で被曝線量は大きく異なるが、それを臓器平均化線量として換算し等価線量（Sv）とか、全身化換算して実効線量（Sv）という単位で被曝影響を議論していることがエセ科学なのである。

なお、放射線治療後に放射線誘発がんを生じた数例は全て小線源治療例であった。通常の外部照射で治療した人は外部照射で60Gy照射したとしても照射

した標的部位はほぼ均等に照射されているが、小線源治療では線源から5mm離れた部位で線量評価して60Gyを投与したとしても、線源に接している5mm以内にある細胞は桁違いの線量が当たっているのであり、発がんのリスクも高まるのである。

また放射線誘発がんを生じた数例の中で、最も早く発見された症例は小線源治療後9年7カ月後であった。大量に被曝した細胞から1個の細胞が半年から1年後に発がんしたとしても、1cm程度(約10個の細胞数)に増大し発見できるようになるには、10年程度はかかるのである。

こうした医学的な知識があれば、福島第一原発事故後の子どもたちの甲状腺がんの多発を叫ぶ人たちも冷静な判断ができるであろう。また甲状腺の等価線量の大小で議論することもさほど意味がないことがわかるだろう。I-131の微粒子が甲状腺に取り込まれ発がんするのであり、内部被曝そのものによるからである。

甲状腺がんが等価線量100mSv以下でもチェルノブイリ事故後に甲状腺がんが増えたのは放射性ヨウ素の微粒子が甲状腺内に取り込まれ、接している甲状腺の細胞が膨大に内部被曝しがん化したためなのである。このようにSvという単位は被曝している臓器の影響を評価できる単位ではなく、ましてや内部被曝を評価できるものではないのである。

食品の汚染の問題

チェルノブイリ事故後にヨーロッパからの輸入食品が汚染されていたことがわかり、輸入食品は370Bq/kgに規制された。しかし福島第一原発事故直後に政府はそれを上回る暫定規制値を作った。暫定規制値は食品500Bq/kgで、飲料水に至っては200Bq/kgである。国際法では原発からの排水基準は90Bq/kgであるから、原発から排出される温排水の2倍以上の放射性物質を含んだ水を飲料水とさせていたのである。1年後の2012年4月以降の新基準値では一般食品は100Bq/kg、牛乳や乳児用食品は50Bq/kgとした。規制値ぎりぎりの牛乳を毎日200ml飲めば、毎日10Bq摂取することになる。Cs-137の体内蓄積量は代謝により異なることから一概にはいえないが、子どものデータはないので、大人の場合のデータでいえば、1年程すれば蓄積して約1,400Bqとなる。体重20kgの子どもであれば70Bq/kgとなり、高率に心電図異常をきたしてもおかしくない値となる。

資料46にCs-137の年齢別生物学的半減期の目安と、摂取放射能の蓄積の推移を示す。

放射性Cs-137を100Bq摂取した場合でもその預託線量は1.3μSvとなり、一見非常に少ない線量に換算されるが、それは全身化換算による極低減化した数値であるからである。そのため7万7,000Bq摂取しなければ内部被曝は1mSvとはならない。とんでもない数値である。

政府は食品の暫定規制値を決めた時に、農産物に関して土壌汚染5,000Bq/㎡以下の作付土壌規制を行ったが、規制値を厳しくしたのであれば、作付土壌規制もそれに準じて厳しくすべきである。そうしなければ、汚染した作物が産地偽装して出荷される可能性は排除できない。

チェルノブイリではコルホーズの流れの中で、共同で農作物をつくり、汚染を測定し、自給自足の生活をしている人たちが多いが、この場合は放射線で汚染された農産物を食べるリスクも少なく、また農薬まみれの米国産の農産物もない。しかし日本の農産物では充分な測定はしていない。日本は放射線と農薬の二重のリスクを含んだ食品を食べ、さらに遺伝子組み換え食品も多くなっており、世界一危険な食生活となっているのである。

そして継続し深刻化する海洋汚染により魚介類も危険なものとなってきているが、問題意識が希薄である。食品汚染に関して産地偽装は論外だが、海産物の獲れた都道府県の産地を明記してあったとしてもあまりあてにならない。福島近界で獲れた魚を九州で缶詰にすれば福島産にはならないのである。海に国境はなく魚は回遊している。福島県以外の魚介類ならば安全であるというわけにはいかないのである。

1993年にソ連の原子力潜水艦が事故を起こし放射性廃棄物を日本海に投棄し問題となったが、この時の日本海の海底土は7Bq/kgの汚染であった。しかし福島第一原発事故では2011年4月1～6日の6日間でCsは940兆Bq(ヨウ素を含めると4,700兆Bq)を海洋漏出させた。この6日間の量はセラフィールド再処理工場の1年間分であり、30km圏の海底土汚染は8,000Bq/kgに達していた。

このことを福島第一原発事故直後に海洋の放射能汚染の長期シミュレーションを行ったドイツ・キール海洋研究所は、「海のチェルノブイリ」であり、「人類的犯罪」であるとまで言っていた。今後は黒潮と南北からの海流で長期的には北半球

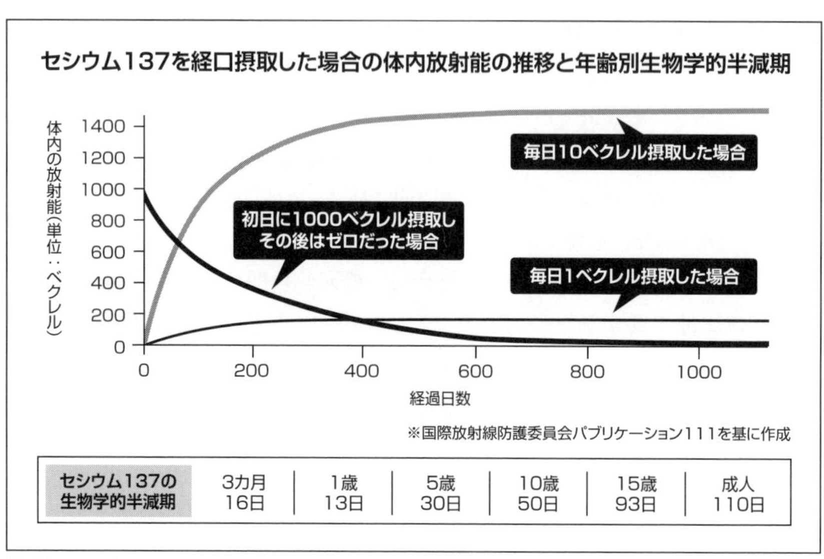

セシウム137の生物学的半減期	3カ月 16日	1歳 13日	5歳 30日	10歳 50日	15歳 93日	成人 110日

資料46　食品からのCs-137の摂取と体内蓄積の推移

の太平洋全体に汚染が広がり、海流の逆流に乗って日本海から中国沿岸にも汚染が拡散すると予測されており、魚介類の汚染も長く続くと考えておく必要がある。そして今でも汚染水が流出し続けており、長い海洋汚染との闘いが続くのである。

国土を除染すると放射性物質は地下や河川へ流れ、最終的には海へ、魚介類へ、人へと引きつがれる。Cs-137の物理的半減期は30年であるから放射能の強さは60年経過しても1/4にしか減弱しない。放射線は人体に入れば実効半減期で考えるが、自然界にある放射性物質は物理的な半減期でしか減弱しない。Cs-137は海藻では1万倍に濃縮する。Cs-137が1Bq漏れたらCs-137は1万Bqになって、人間の口に入ってくる可能性がある。食物連鎖の過程で、数千倍～数万倍に生物濃縮した放射性物質をわれわれは食す生活となる。生物濃縮した海産物を食す人間の内部被曝も深刻となる。すでに長い海洋汚染との闘いが始まっているのである。今後は全線質の実測値測定体制の構築が必要であり、そのデータを基に健康被害を分析することが必要である。海洋汚染の問題が少なかったチェルノブイリでもSr-90からのβ線も測定し食品規制値を設けている。

私が海洋汚染が非常に深刻だと思っているのは、Cs-137の他にCaと同じ二価の同族体であるSr-90の問題があるからである。Sr-90は成長期の子どもの骨に取り込まれ、白血病などの骨髄疾患の発症をもたらすのである。また体内ではカルシウムと拮抗し、さまざまな機能障害をもたらす可能性がある。

Sr-90は神経細胞間の神経伝達物質の組成成分の一つであるカルシウムと拮抗・置換し、本来の神経伝達物質としての機能に支障をきたす可能性もある。自閉症やアスペルガー症候群の症状に該当する発達障害を生じる可能性も考えなければならない。脳科学者の黒田洋一郎氏は、近年増加している小児の発達障害の環境原因論として、ネオニコチノイド系の農薬など環境化学物質と放射性物質との「多重複合汚染」を挙げている。

私たち団塊の世代の子どもの頃は、自閉症とかアスペルガー症候群という概念すらなかった。こうした疾患が1990年代になって確実に増加している。戦後に繰り返された核実験による海洋汚染は発がんや発達障害にも絡んでいる可能性は否定できない。核分裂は基本的には、質量数約130～140のCsやヨウ素と質量数約90前後のSr-90などに分裂して自然界に出されるので、Sr-90は大量に海に落ちている。測定していないだけの話なのである。

汚染された世界で、放射線被曝をどこまで社会全体として許容するかはバランスの問題である。許容量とか線量限度というのは医学的な概念ではなく、利益と不利益のバランスを考えて社会全体として考える社会的な概念である。しかしこの判断においては、きちんとしたデータで考えることが重要であり、一部の政治的・経済的な立場で科学的データを操作することなどは許されないことである。長所は利用し、短所はどこまで社会全体として許容するかの問題なのである。

日本の社会は高齢社会になっているため、がんが増えているといわれているが、それだけの理由では説明がつかない。水俣病では熊本大学の研究チームが有機水銀を原因として報告したが、政府が認めたのは9年後であり、またチェルノブイリ事故後の甲状腺がんの多発をICRPやIAEAが認めたのは10年後であった。脳の高次機能の詳細がわかっていないことを理由に、こうした小児の発達障害の要因を否定すべきではない。予防原則の立場で対応することも必要なのだと思う。

内部被曝に関する最近の知見

2011年3月の福島第一原発事故直後に東電の社員3人が250mSv以上被曝

し、すぐに放医研に搬送されて検査を受けた。新聞記事によるとその結果、30代社員678mSv（外部被曝=88mSv、内部被曝=590mSv）、40代社員643mSv（外部被曝=103mSv、内部被曝=540mSv）、20代社員335mSv（外部被曝=35mSv、内部被曝=300mSv）を浴びたということだった。20歳代の男性は外部被曝よりも内部被曝が8.5倍も多かった。これだけ見てもわかるが、内部被曝を隠さなければ、原子力政策を進める上で労働者の健康管理が問題となる。

病院で日常的に使用する注射器は、2万Gyの放射線を照射して滅菌処理している。注射器はじめ医療器具は、放射線で滅菌されていて、私たちがそれを使っても影響はない。外部被曝というのは、一度物体を突き抜けるだけである。しかし人体の影響を表わすSvという単位は、体重計などのように、実際に測ったものではなく、放射線が全身に均等に当たっていると仮定した極めて不正確な「仮想値」であり、内部被曝も身体の臓器に均一に吸収されると仮定して計算している。また内部被曝においては、α線の飛程は40μm程であり、β線も周囲数mmの細胞にしか当たらない。だから実際に放射線が当たるのは、α線やβ線を出す物質の周辺の細胞であり、α線やβ線による内部被曝の場合は、1kgの塊に放射線は届くことはないため、実際に当たっている細胞集団の線量を計算すべきなのだが、全身化換算して表現するために、内部被曝の線量は極めて低い値となる。そして線量が同じであれば、外部被曝も内部被曝も影響は同等と考えるとICRPは勝手に取り決め、内部被曝は問題となる線量にはならない――という操作が行われているのである。

熱量換算による被曝線量で人体の分子レベルの変化は説明できないし、内部被曝の線量を外部被曝と同様に1kg当たりのエネルギー値として評価することは無意味なのである。

また、分裂している細胞は細胞周期のどの時期にあるかによって影響が大きく異なることもわかっている。**資料47**に細胞周期の過程にある細胞の放射線感受性を示す。G2期とM期にある細胞は放射線感受性が高く、内部被曝のような連続的な被曝環境では確実にG2期とM期の細胞にも放射線があたり強く影響される。低い線量だったら人間の身体には免疫力があり回復力があるから人体に影響はないとする御用学者もいるが、内部被曝で連続的に照射されるということは、細胞周期の問題を考えれば無視はできなくなる。よほどの大量被曝でない限りは、

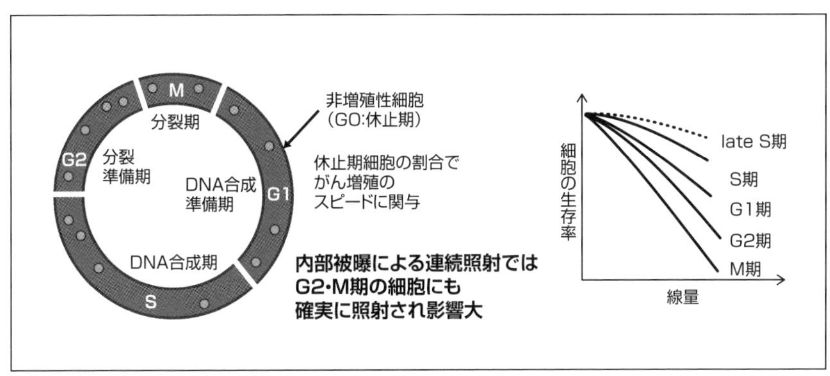

資料47　細胞周期と放射線感受性

LET(Linear Energy Transfer、線エネルギー付与)

1μm進んだ時に平均何KeVのエネルギーを与えたか?(KeV/μm)

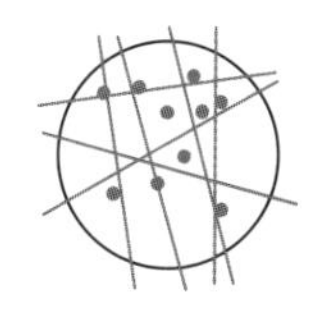

低LET放射線

まばらにしかラジカルを
生成しない放射線
⇒修復しやすい

高LET放射線

同じ線量でも
細胞に集中して影響

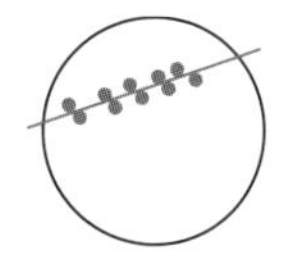

LETの高い順 ①核分裂生成物 > ②低原子番号の原子核 > ③α線 >
④中性子線 > ⑤陽子線、電子線、X線、γ線

資料48　LET(Linear Energy Transfer, 線エネルギー付与)の説明

放射線による細胞死は分裂死であり、分裂の過程で死滅する。死滅しないまでも損傷した遺伝子は継代的に引き継がれ、発がんや先天障害の原因となる。放射線を受けて細胞の遺伝子が傷ついて、継代的に何代か後に、遺伝子の異常に伴うさまざまなトラブルが起こってくるのである。

さらに、全く語られていないエネルギーの問題も深刻である。人体内の電気信号は5〜7エレクトロンボルト(eV)の世界だ。医療用X線では100キロエレクトロンボルト(KeV)以上の世界である。しかし核反応生成物はメガエレクトロンボルト(MeV)の高エネルギーの世界であり、このエネルギーの違いも考慮されなくてはならない。汚染水に大量に含まれているトリチウムに対して、トリチウムはエネルギー(平均5.7KeV)が低いので問題はないと政府は弁明しているが、それでも人体の分子結合の1,000倍以上のエネルギーなのである。ましてやCs-137だったら、662KeVという約10万倍のエネルギーである。こうしたことは不問にされているのである。

低線量の放射線の影響は、①バイスタンダー効果(照射された細胞の隣の細胞も損傷されることがある)とか、②ゲノムの不安定性(細胞およびその子孫内の継続的、長期的突然変異が増加する)とか、③ミニサテライト突然変異が生じる(遺伝で受け継いだ生殖細胞系のDNAが変化する)といったことがわかっている。

また、LET(Linear Energy Transfer、線エネルギー付与)の問題もある。これは同じ放射線でも線質によって放射線が通る軌道に沿ってフリーラジカルを生成する度合が異なり、細胞に対する影響の度合いが異なるというものである。**資料48**にLETの説明を示す。LETの高い順に並べると①核分裂生成物>②低原子番号の原子核>③α線>④中性子線>⑤低エネルギーの陽子線、電子線、X線、γ線>⑥高エネルギーの陽子線、電子線、X線、γ線の順となり、核分裂生成物からの高LET放射線は最も細胞障害性を持っている。医療で使用する放射線は最も低LET放射線なのである。

ICRPの放射線の人体影響の内容は50年程前までの知見で構築されており、近年の細胞周期に関する放射線感受性の問題や線質によるLETの違いなどは全く考慮されていないのである。

次に、内部被曝の測定に関して、実際に行う測定法としては、ホールボディカウンターによるものが一般的であるが、これはγ線だけしか測定できず、精度の高いホールボディカウンターでも検出限界は250Bq/body程度であり、詳細なCs-137の測定には尿などを検体とし測定する必要がある。

α線やβ線の内部被曝の測定は全く別の測定法が必要である。Sr-89の測定ではバイオアッセイにより測定するが、この方法は手間暇もかかり、検査料も高額となるため今回の原発事故の被曝線量の測定はほとんど行われておらず、極めて不適切な対応であった。そのため、しっかりとした住民の被曝線量の把握さえされていないのである。染色体異常のチェックも望まれるが、これも全く行われていない。

第6章

長寿命放射性元素体内取り込み症候群について

日本人の死因の移り変わり

日本人の平均寿命が50歳を超えたのは1947年(昭和22年)である。そして現在の日本人の平均寿命は84歳(女性87歳、男性81歳)となり、この73年間で実に平均寿命は34歳も延長し、世界の中でもトップクラスの長寿国となった。

乳幼児死亡の激減や、ペニシリンから始まった抗生物質の使用による感染症死の減少の他、補液技術の普及などが要因であるが、もちろん国民の栄養状態の改善も寄与している。

特に1950年代に抗結核薬が使用できるようになり、結核死も激減した。現在問題となっている新型コロナウイルス感染では特に内科的合併症を持った高齢者の死亡率が高いとされているが、結核の場合は20代の若者も命を落とす疾患であった。**資料49**に戦後から最近までの死亡原因の推移を示すが、終戦となった1945年は結核死が1位で20万人が結核死している。

1974年春にCT(コンピューター断層撮影)が出現し、従来の放射線診断のレベルを劇的に押し上げ、医療情報もアナログの世界からデジタルの世界に変える契機となった。それまで最も多い死因だったいわゆる脳卒中(脳血管疾患)に変わって1981年に悪性新生物(がん)が死因のトップとなり、増え続けている。

1970年代前半は年間のがん罹患者数は約20万人であったが、今では100万人以上となり、この45年間で5倍以上のがん罹患者数となっている。

CT診断により、脳卒中でも脳出血と脳血栓や脳梗塞では治療対応が全く異なるが、CT装置が全国に普及したため死因1位の座をがんに譲ったのである。**資料50**には年代別の死因を示すが、現在はがんがダントツに死亡原因のトップとなっている。30歳代から80歳代までがん死が多いが、さすがに90歳代となると体力も免疫力も低下し、老衰や肺炎が多い死因となっている。

また深刻なのは世界一若年者の自殺が多いことである。私が医者となった1970年代は死因のトップは60歳以上ではがんであったが、現在は40歳以上でがんが死因のトップとなり、40歳未満は自殺がトップなのである。なんという病んだ社会なのであろうか。

がんは世界的にも増え続けており、世界のがん患者は10年で28%増加し、2010年に世界の死因原因の1位となった(『JAMA Oncology』オンライン版、2018年6月2日号)。

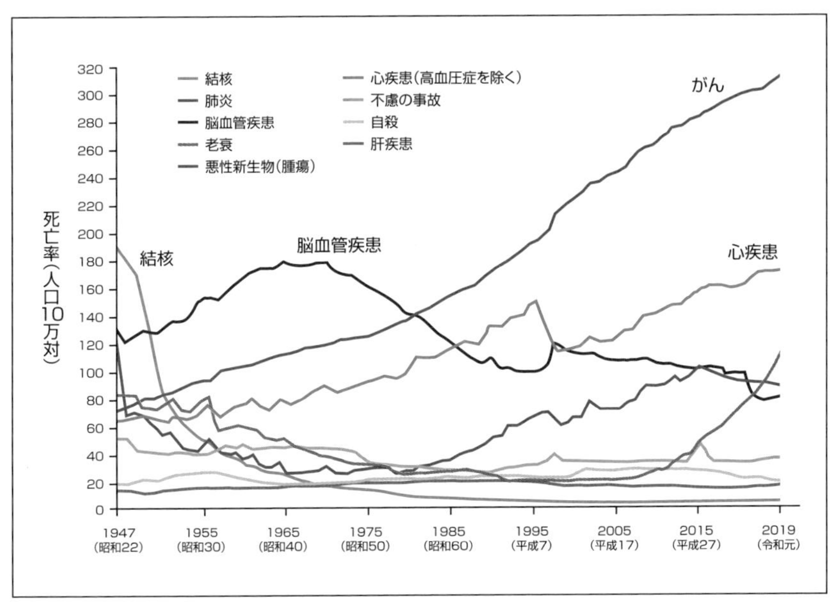

資料49　死因別の死亡率の推移

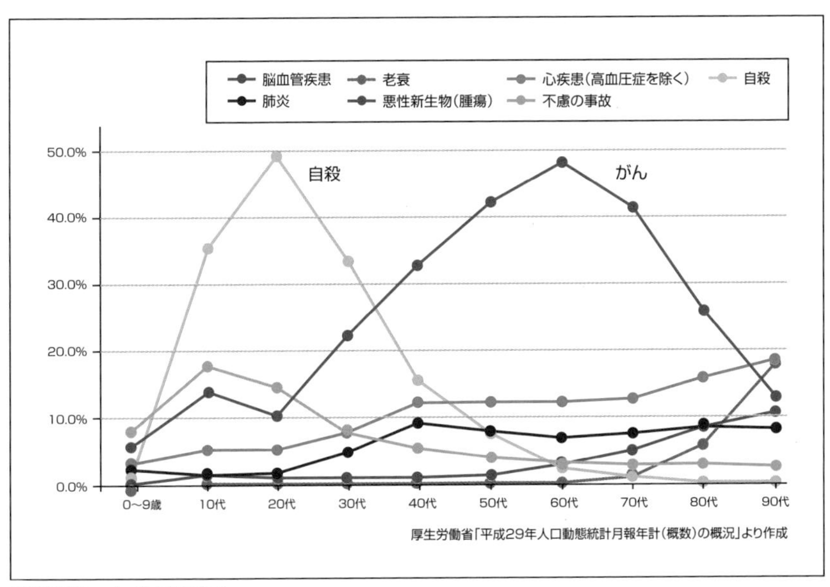

資料50　年代別死因

資料51に戦後の日米とスウェーデンのがん罹患者の増加を示す。このデータは厚生省で母子手帳の仕組みを作り、後年は東北大学の公衆衛生学教室に勤務した瀬木三雄氏が作成したものである。

戦後の核実験でCs-137やSr-90などの長半減期核種の放射性物質が最終的には海に落ち、魚介類などを通じて放射線微粒子として人間の体内に取り込まれたため、1950年頃より世界中でがん罹患者が増加している。戦後のこうしたがん罹患者の増加の最大の原因は大気中の核実験による放射性物質の拡散である。太平洋上での大気中の核実験で、日米国民が外部被曝したわけではないが、核分裂によって発生したCs-137やSr-90などの放射性微粒子が海に落ち、間接的に食物連鎖の過程で人体に取り込まれ内部被曝したためである。**資料52**に日本の5～9歳男子の小児の白血病を中心としたがん死亡率の上昇と膵臓がんの増加を示す。

Sr-90の体内動態はカルシウム(Ca)と類似しており、造骨活性のある骨に集積する。このため骨に取り込まれたSr-90は血球成分の中で最も放射線感受性の高いリンパ球に影響し、造骨活性の盛んな成長期の小児において急性リンパ球性白血病を発症させるのである。小児の白血病はほとんどが骨髄性白血病ではなく、リンパ球性白血病であるのはこの理由からである。**資料53**にSr-90の体内取り込みによる糖尿病や膵臓がんの増加の原因と思われる理由を示す。Sr-90はイットリウム90(Y-90)を経てジルコニウム90(Zr-90)になるが、その過程で2度β線を出す。Y-90は膵臓に親和性があるため、アーネスト・スターングラスは膵機能の低下や膵臓がんの発生に関係していると指摘している。

こうした海洋にばら撒かれた放射性物質を測定していないだけで、我々は被曝しているのである。

1954年のビキニ水爆実験では第五福竜丸の人たちが被曝したが、その時に築地市場では水揚げした魚の放射線測定を行った。結果、種々の元素は1000倍から10万倍の生物濃縮を来すことがわかった。その時の資料と福島第一原発事故前後の食品の基準値の比較を**資料54**に示す。

飲料水に関しては、福島第一原発事故後の1年間は暫定として、200Bq/kgとしていたが、翌年4月からは10Bq/Lと20分の1にしている。しかし原発事故から10年経つ今、「原子力緊急事態宣言」は解除されていないまま、国民に被曝

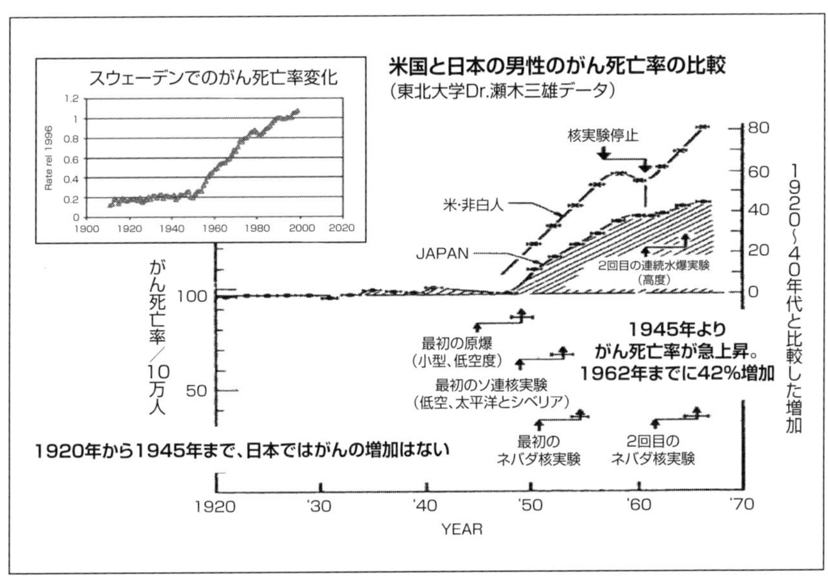

資料51　戦後の核実験とがん罹患者の増加

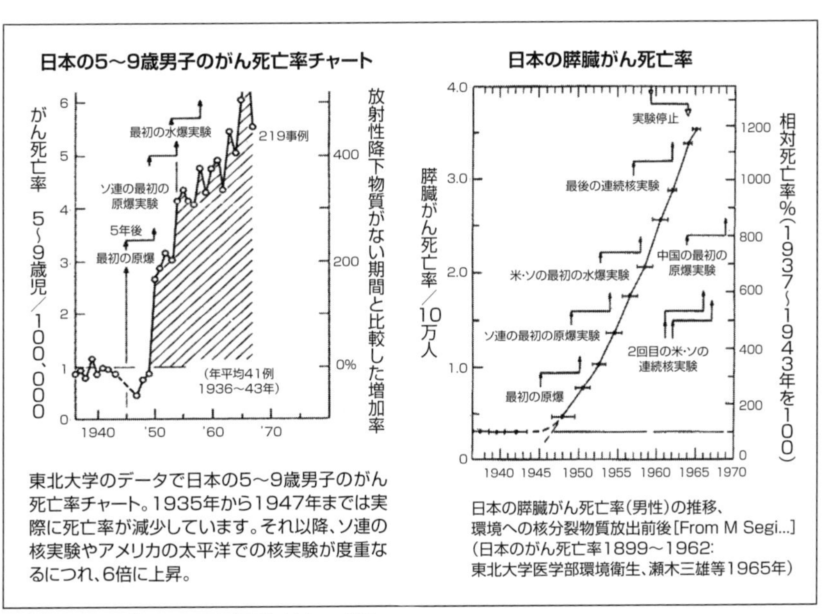

東北大学のデータで日本の5~9歳男子のがん死亡率チャート。1935年から1947年までは実際に死亡率が減少しています。それ以降、ソ連の核実験やアメリカの太平洋での核実験が度重なるにつれ、6倍に上昇。

日本の膵臓がん死亡率(男性)の推移、
環境への核分裂物質放出前後[From M Segi...]
(日本のがん死亡率1899~1962:
東北大学医学部環境衛生、瀬木三雄等1965年)

資料52　日本の男子と膵臓がんの増加

Sr-90はβ崩壊後にイットリウム90になり再びβ崩壊する
⇒「セカンド・イベント理論」

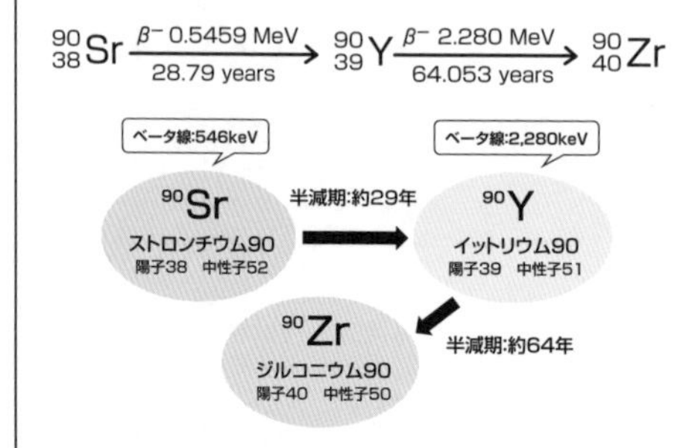

Y-90(半減期64時間)⇒膵臓に蓄積

Sr-90のβ崩壊後のイットリウム90が膵臓に集積し
膵機能低下と膵がんを発生させる原因となる

［提唱者］
アーネスト・スターングラス
ピッツバーグ医科大学
放射線科放射線物理学名誉教授

糖尿病の激増とSr-90による内部被曝との関係を指摘

★ 糖尿病が飽食文明の先進国以外の発展途上国で激増
★ 日本では戦後、膵臓がんが12倍に
★ Sr-90が崩壊して生成されるY-90(イットリウム)が膵臓に集積

http://kaleodo11.blog.fc2.comblog-entry-3941.html

資料53　Sr-90の影響

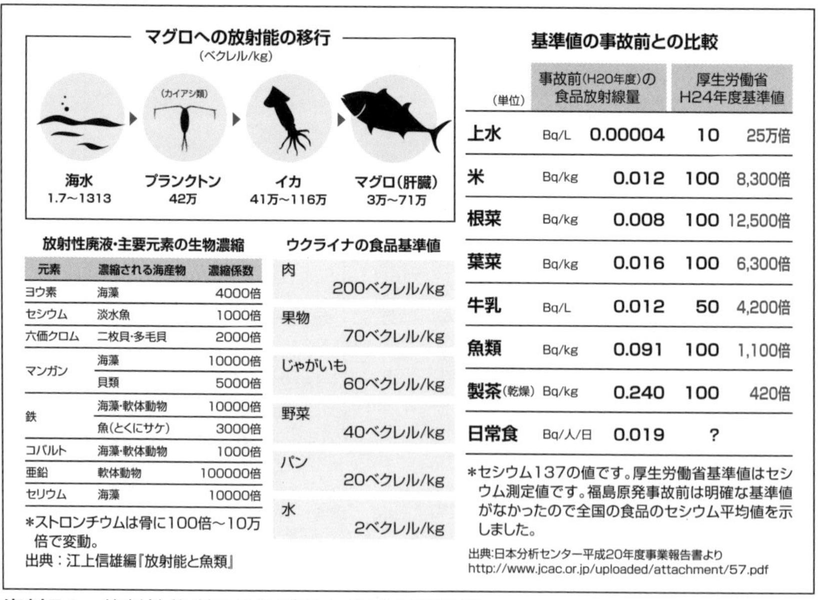

マグロへの放射能の移行
(ベクレル/kg)

放射性廃液・主要元素の生物濃縮

元素	濃縮される海産物	濃縮係数
ヨウ素	海藻	4000倍
セシウム	淡水魚	1000倍
六価クロム	二枚貝・多毛貝	2000倍
マンガン	海藻	10000倍
	貝類	5000倍
鉄	海藻・軟体動物	10000倍
	魚(とくにサケ)	3000倍
コバルト	海藻・軟体動物	1000倍
亜鉛	軟体動物	100000倍
セリウム	海藻	10000倍

*ストロンチウムは骨に100倍〜10万倍で変動。
出典：江上信雄編『放射能と魚類』

ウクライナの食品基準値

食品	基準値
肉	200ベクレル/kg
果物	70ベクレル/kg
じゃがいも	60ベクレル/kg
野菜	40ベクレル/kg
パン	20ベクレル/kg
水	2ベクレル/kg

基準値の事故前との比較

	(単位)	事故前(H20年度)の食品放射線量	厚生労働省H24年度基準値	
上水	Bq/L	0.00004	10	25万倍
米	Bq/kg	0.012	100	8,300倍
根菜	Bq/kg	0.008	100	12,500倍
葉菜	Bq/kg	0.016	100	6,300倍
牛乳	Bq/L	0.012	50	4,200倍
魚類	Bq/kg	0.091	100	1,100倍
製茶(乾燥)	Bq/kg	0.240	100	420倍
日常食	Bq/人/日	0.019	?	

*セシウム137の値です。厚生労働省基準値はセシウム測定値です。福島原発事故前は明確な基準値がなかったので全国の食品のセシウム平均値を示しました。

出典:日本分析センター平成20年度事業報告書より
http://www.jcac.or.jp/uploaded/attachment/57.pdf

資料54　放射性物質の生物濃縮と食品の基準値

を強いているのである。10年以上も続く緊急事態とは何なのか。「緊急」の日本語を理解していないのであろうか。なお、原発事故で影響を受けたウクライナの飲料水の基準は2Bq/kgである。

「長寿命放射性元素体内取り込み症候群」とは何か

こうした放射線の多種多様な健康被害の本態は、「長寿命放射性元素体内取り込み症候群」とでもいえる病態なのである。コロナウイルスなどの感染症と異なり、放射性物質の低線量被曝による種々の症状は長時間をかけて出現する。そのため、因果関係が証明しにくく、原子力ムラの人たちが不都合な真実を隠蔽していることもあって放射線の多種多様な健康被害は明らかになることが少ないのである。一般にがん・高血圧・糖尿病などは「成人病」と称されていたが、1996年に「生活習慣病」と改名された。この背景にあるものは医療費問題である。成人になり病気になるのであれば、公助として医療費は国として対応することになるが、「生活習慣病」とすれば、病気になった時に「貴方の生活習慣が悪かったので、病気になったのは自己責任。医療費は自助として自分で払ってください」というわけである。しかし、実際はほとんどの疾患は「生活環境病」なのである。生活環境が悪性腫瘍の発生にも関係しており、長寿命放射性元素体内取り込みも生活環境病に関与する大きな要因なのである。生活環境の変化は社会の仕組を変えていくことになる。例えばトイレにウオッシュレットが普及したら、病院でも肛門科の看板はなくなった。生産性を1割上げるために女性ホルモンを餌に混ぜて飼育された米国の牛肉の消費量がこの50年間に5倍となれば、ホルモン関連性のがん（女性では乳がん、子宮体がん、卵巣がんなど）が5倍に増えた。食生活が生活環境病を作り出しているのである。農薬によって引き起こされていると思われる子どもたちの発達障害なども環境病といえる。

「長寿命放射性元素体内取り込み症候群」についての認識を持って長期的な健康被害について注意していただきたいと思う。また、こうした放射性微粒子による内部被曝だけでなく、農薬を中心とした化学物質や遺伝子組み換え食品の摂取なども加わり、日本人は人口比で比較すると世界一高いがん罹患率の国であり続けている。

農薬を中心とした化学物質や遺伝子組換え食品の普及により、食の安全も脅

放射性物質と化学物質の「複合汚染」

野村大成(大阪大学名誉教授、放射線基礎医学)の1970〜1990年代の研究

- ❖ 親が放射線に曝露すると、突然変異のみならず、がんや奇形までもが子孫に誘発され、その生殖細胞の変異は次世代に遺伝する(Nature1990)
- ❖ マウスの妊娠中に低線量放射線(X線)をあて、その母から生まれた仔マウスに離乳後、発がん物質(ウレタン)を低用量与えると、放射線をあてない母親から生まれた子どもに比べ、数倍の頻度でがんが発生
  ⇒低線量の放射線と低用量の毒性化学物質に汚染すると、一方だけではがんが発生しなくても、相乗効果でがんが発生しやすくなる

⇒ 現在の日本は、放射線と各種毒性化学物質との「多重複合汚染」の状態

資料55　放射線と毒性化学物質との多重複合汚染による健康被害

放射線の人体影響の因子は線量(Sv)だけではない

- ❖ 総線量、体積・面積(範囲)、線量率(急性 or 慢性)で影響は異なる
- ❖ 外部被曝と内部被曝(＝線量分布が全く考慮されていない)
- ❖ 放射線は基本的には当たった細胞にしか影響しない
  局所の小範囲の線量⇒組織の等価線量⇒人体の実効線量に換算する手法では、局所の影響は評価できない(目薬一滴を全身化換算)
- ❖ 検討すべき他の主な要因
  - ＊ エネルギーの問題(数eV〜KeV〜MeV)
  - ＊ LET(Linear Energy Transfer、線エネルギー付与)の問題
  - ＊ 細胞周期と放射線感受性の問題(G2・M期の細胞が影響大)
- ❖ 微粒子としての存在・サイズの違い・動態について全く想定外
  - ＊ サイズによって人体影響は異なる(μm、nm、元素イオン)
  - ＊ 核種ごとの臓器親和性(集積・蓄積)の軽視・無視

資料56　人体に影響する放射線の諸因子

かされている社会となっていることから、現在の日本は、放射線と各種毒性化学物質との「多重複合汚染」の状態であり、がんをはじめとする多くの奇病・難病も増え続けている。1970〜1980年代の野村大成氏(大阪大学名誉教授，放射線基礎医学)の動物実験の研究結果を**資料55**に示す。

低線量の放射線と低用量の毒性化学物質に汚染されると、一方だけでは高率にはがんが発生しなくても、両方に汚染されることによる相乗効果で高率にがんが発生しやすくなることが証明されている。失ってから最も後悔するのは「健康」である。多くの病気は「生活環境病」なのだと認識し、世界一の多重複合汚染の日本社会の中で自分の健康を考えていただきたいと思う。

最後に、人体影響を正しく評価できないSvという単位で「多い・少ない」と議論するのではなく、実際には放射線の人体影響に関係する因子は多いということも知っておいていただきたい。その主なものを**資料56**に提示する。

今後は「長寿命放射性元素体内取り込み症候群」(SLIR, Syndrome of long-living incorporated radioisotopese)の解明こそが必要なのである。原子力政策を維持する立場の人たちも科学的に正しい人体影響についての研究や認識を持っていただきたいものである。

第7章

トリチウムの
健康被害について

はじめに

東京電力福島第一原発にたまり続ける放射性物質トリチウム(^{3}H)を含む処理水を国と東電は海洋放出しようとしている。そのため経産省の政府小委員会が2018年8月30日に福島県富岡町と、31日に郡山市と東京で公聴会を開催した。この3カ所で開いた公聴会では、海洋放出に反対意見が相次ぎ、大半を占めた。そしてこの過程で、処理水を貯蔵しているタンク内には^{3}H以外に、Sr-90やI-129(半減期約1,570万年)なども基準値以上に残留していることが判明した。

公聴会では、処理水に含まれるトリチウムをタンクでの保管継続を求める意見が多く出たが、それらの意見が今後反映される気配は全くなく、行政による公聴会はアリバイ作りの場でしかなかったようだ。原発のトリチウム水の"海洋放出"に対して漁業関係者らは反対し、また一部では風評被害により収入減となることから賠償や補償などの対応を要望している。しかし、トリチウムの問題は単に経済的な問題であるだけでなく、人類への緩慢な殺人行為であり、晩発性の健康被害をもたらす実害となる問題であることを国民は認識すべきである。

福島第一原発では2021年2月現在、毎日平均140トンのトリチウムなどを含む汚染水が発生している。浄化装置で放射性物質を減らした処理水の総量は約124万トンに上り、敷地内の保管用タンクは1,000基を超えている。処理水のトリチウム平均濃度は約73万Bq/Lで、トリチウム総量は約1,000兆Bq以上とされている。東電は137万トン分のタンクを確保する計画だが、2022年秋には満杯になるため、原発の通常運転で放出していた年間22兆ベクレル以内に薄めて海へ放出するとしている。この方法で処分した場合、30年以上にわたって海への放出が続くことになる。

世界各地の原発や核処理施設の周辺地域では、たとえ事故を起こしていなくても、稼働させているだけで周辺住民の子どもたちを中心にした健康被害が報告されている。その原因の一つはトリチウムと考えられる。本章ではそのトリチウムの危険性を論じる。

冒頭に述べた公聴会の主催は「多核種除去設備等処理水の取り扱いに関する小委員会」で、先行設置された「トリチウム水タスクフォース」以来、足かけ6年にわたりトリチウムを含んだ処理水の処分策について検討してきた経産省の委員会だ。委員会はトリチウムを含む汚染水処理について結論として5つの処分方法を提示した。その処分方法別の費用は34〜3,976億円と大きな幅があるが、結論としては最も安い費用で済む海洋放出(費用34億円)を行おうとしている。この方針は東電会長ばかりではなく、原子力規制委員会の更田豊志委員長も「希釈して海洋放出が現実的な唯一の選択肢」と記者会見で述べた。これでは原子力“寄生”委員会である。東電は多核種除去設備(ALPS)で汚染水を浄化しているが、トリチウムは除去できていない。

公聴会の資料では「トリチウムは自然界にも存在し、全国の原発で40年以上排出されているが健康への影響は確認されていない」と安全性を強調し、また「トリチウムはエネルギーが低く人体影響はない」と安全神話を振りまいている。しかしトリチウムは新陳代謝や細胞の再生過程で有機結合型トリチウム(OBT=Organically Bound Tritium)を形成する傾向を持っており、晩発性の健康被害となるのは明らかである。

資料57に自然界のトリチウム濃度の経年的変化を示す。トリチウムは自然界にも宇宙線と大気の反応によりごく微量に存在し、雨水その他の天然水中にも入っていたが、戦後の核実験や原発稼働によって急増した。問題なのは、原子力発電では事故を起こさなくても稼働させるだけで、原子炉内の二重水素が中性子捕獲によりトリチウム水が生成され、膨大なトリチウムを生み出すことである。1950年頃の大気中のトリチウム濃度は、1970年頃の約1,000分の1の濃度である。これは大気中の水爆核実験などで膨大なトリチウムが環境中に放出され激増したからである。大気中核実験は中止となったが、それ以降も世界中の原発などの原子力施設からトリチウムが垂れ流されているため、本来自然界にあるトリチウムの99%以上は人工的に作り出されたものなのである。

トリチウム【tritium】(記号：T=^{3}H)とは何か

普通の水素は原子核が陽子1個である軽水素(^{1}H)だ。それに対して原子核が陽子1個と中性子1個で質量数が2となっているものが重水素(^{2}H)であり、原子核が陽子1個と中性子2個で質量数が3の水素が三重水素(^{3}H)、すなわちトリチウム(T)である。トリチウムは水素の同位体で、化学的性質は普通の水素と同一であるが、β線を放出する放射性物質である。トリチウムはβ崩壊して弱いエネルギーのβ線を出してヘリウム3(^{3}He)に変わる。β線の最大エネルギーは18.6KeV、

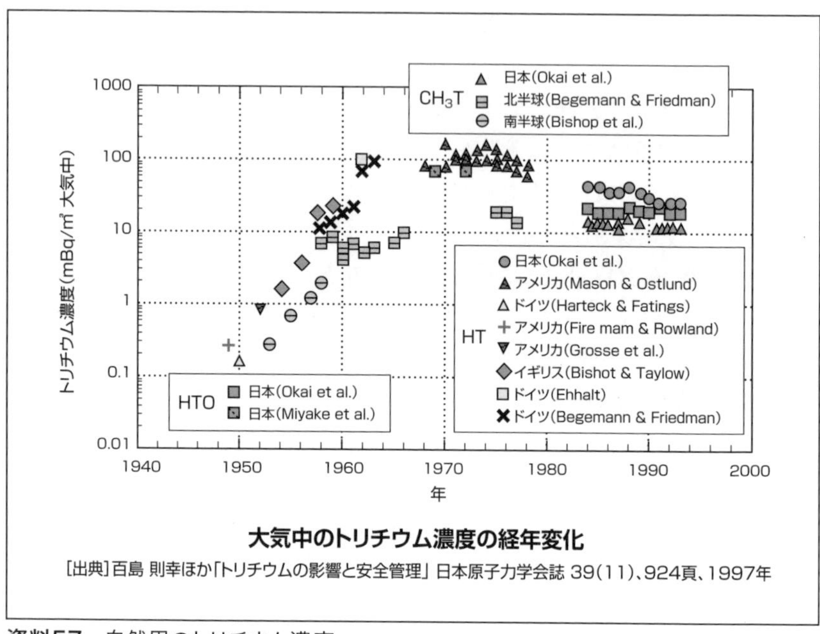

資料57 自然界のトリチウム濃度

平均エネルギーは5.7KeVで物理学的半減期は12.3年である。体内での飛程は0.01mm(10μm)ほどであり、ほぼ細胞1個分程度である。このため原子力政策を推進する人たちはエネルギーが低いので心配ないとその深刻さを隠蔽し、海に垂れ流している。しかし、人間の体内では、水素と酸素は5.7eVで結合し水になっている。トリチウムの平均エネルギーは5.7KeVであるから、人体の水の1,000倍以上のエネルギーである。セシウムのβ線のエネルギーは512KeVである。体内の電気信号の約10万倍である。そのエネルギーの高いセシウムがなぜ問題にならないのであろうか。

トリチウムの化学的性質は水素原子と変わりなく、体内動態は水素であり、どこでも通常の水素と置き換わる。成人の体重の約60%を占めている通常の水(H_2O)は「HHO」であるが、トリチウムを体内に取り込んだ場合はトリチウム水(HTO)の形で体内に存在する。経口摂取したトリチウム水は尿や汗として体外に排出されるので、生物学的半減期が約10日前後であるとされている。また、気体としてトリチウム水蒸気を含む空気を呼吸によって肺に取り込んだ場合は、そのほとんどが血液中に入り細胞に移行し、体液中にもほぼ均等に分布する。問題なのは、トリチウムは水素と同じ化学的性質を持つため体内では主要な化合物である蛋白質、糖、脂肪などの有機物に結合し、化学構造式の中に水素として組み込まれ、有機結合型トリチウム(OBT)となり、トリチウム水とは異なった挙動をとることである。この場合は一般に排泄が遅く、結合したものによってトリチウム水よりも20〜50倍も長くなり、結合しているものによっては年単位で結合した部位でβ線を出し続ける。エネルギーの高いβ線よりも電離密度が高く、より深刻な分子切断が生じることになる。

また体内では、自由水(組織内を自由に行動できる水)が結合水(組織の結合に組み込まれている水)と入れ替わる現象が常時生じているが、同じ温度で同じ周囲の環境ならば結合水に落ち込む水分子の数と自由水に出ていく水分子の数が同数である。これは「詳細平衡」(つり合い平衡)の原理といわれている。

ところがトリチウム水が含まれる場合は、トリチウム水が自由水でいて結合水に落ち込むのは、化学的活性度で普通の水と同じ確率だが、結合水から自由水に出ていく時には、トリチウム水が普通の水より3倍重いので、それだけ脱出する確率が減少し、結果としてトリチウムがその有機結合に濃縮されるのである。このため有機結合を通じて濃縮し、この濃縮を通じて危険度が上がるのである。

また、放射線の生物学的効果を表すRBE(Relative Biological Effectiveness, 生物学的効果比)は、γ線は1であるが、トリチウムのβ線は1ではなく、1.5〜2の間という報告が多く、より影響が強いと報告されている。さらにエネルギーの低いβ線ではエネルギーの高いβ線より相互作用が強く、電離密度が10倍程度にもなるといわれており、より細胞障害性が強くなる可能性も否定できないのである。

人間は若いほど体内の水分成分が多いため、若いほどよりトリチウムの影響は強くなると考えられる。人間の年齢による水分含有率の目安は、胎児:90%、新生児:75%、子ども:70%、成人:60%、老人:50%である。

自然界でのトリチウムの移行過程と濃縮

トリチウムは原子力発電所に近いほど濃度が高いことが知られているが、イアン・フェアリー(英国)は「原子力発電所近辺での小児がんを説明する仮説」という論文で、がんや白血病に関して、原発近辺に居住する妊婦への放射線被曝によって発生すると予測している(http://fukushimavoice2.blogspot.jp/2014/12/blog-post.html)。また、燃料棒交換時の放射性核種の大気中への放出スパイク(急上昇)が被曝の増加に繋がっている可能性も指摘している。さらに、カナダにおけるトリチウム放出についての研究論文「トリチウム・ハザード・レポート」(2007年)において、トリチウムの体内への取り込みについて、「トリチウムは、新陳代謝や細胞の再生の過程で、炭素と強く結びつき、有機結合型トリチウム(OBT)を形成する傾向を持っている。人間は、2通りのやり方で、有機結合型トリチウム(OBT)を体内に蓄積する。1つは、原子力施設から出るトリチウム水(HTO)の水蒸気によって汚染された土地で育った野菜や、穀物や、蜂蜜や、ミルク、そして日本では魚介類などの食物を摂取することによる。もう1つは、トリチウム水(HTO)を飲んだり、食べたり、呼吸したり、皮膚から吸収したりすることによって、人体が必要とする有機分子の中にトリチウムを新陳代謝して摂り込み、新しい細胞に組み入れることによってである」と述べている。こうしたトリチウムの生態系内部で循環し濃縮して人間の体内へ取り込まれる経路を**資料58**と**資料59**に示す。この生体内濃縮は少なくても食物連鎖の過程で濃縮したトリチウムを摂取することによって起こっているのである。

また原発からの距離が近いほど大気中トリチウム濃度は高いこともカナダの5カ所の原発の測定データで判明している。そしてさらに移行過程で生物濃縮も加わるのである。

実際に原発周辺水域の魚介類から高濃度のトリチウムが検出されたとする報告がある。ハンガリーのPaks原発の周辺では巻貝や肉食・雑食魚類から(Janovics,et al : Environ Radioact. 2014.)、英国南部からはヒバマタ属海藻、ムール貝、カレイから(McCubbin : Mar PollutBull. 2001.)高濃度の有機物結合トリチウムが検出されている。

トリチウムの人体影響

未来のエネルギーとしての核融合が注目され、盛んに研究が行われていた1970〜1980年代には、トリチウムが染色体異常を起こすことや、母乳を通して子どもに残留することが動物実験で報告されている。

動物実験の結果ではトリチウムの被曝にあった動物の子孫の卵巣に腫瘍が発

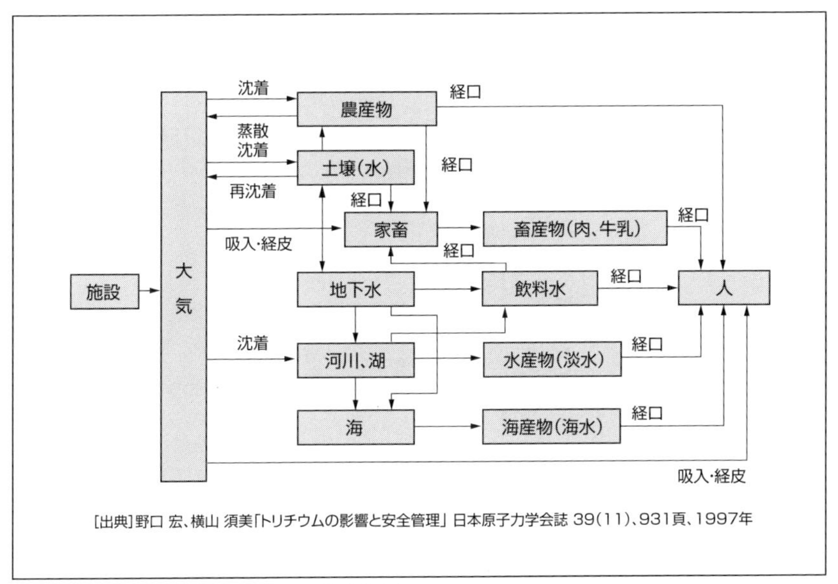

資料58 トリチウムの人体への移行経路

生する確率が5倍増加し、さらに精巣萎縮や卵巣の縮みなどの生殖器の異常が観察されている。1974年10月に徳島市で開催された日本放射線影響学会では、中井斌氏(放射線医学総合研究所遺伝研究部長)らが人間の血液から分離した白血球を種々の濃度のトリチウム水で48時間培養し、リンパ球に取り込まれたトリチウムの影響を調べた結果、リンパ球に染色体異常を起こすことがわかった——ということを報告している。

現在の規制値以下の低濃度でも染色体異常が観察されている。このような報告から、トリチウムがなぜ危険なのかについては次のように考えられる。

トリチウムは、自由水型のみならずガス状トリチウムもその一部が環境中で組織結合型トリチウムに変換される。トリチウムの体内動態は水素と同じであり、トリチウムは水素として細胞の核に取り込まれる。私の旧友の名取春彦氏は若い時に行った睾丸腫瘍の細胞を用いた実験で、チミジンでラベルしたトリチウムが細胞の核に取り込まれている写真を著書『放射線はなぜわかりにくいのか』(アップル出版、2013年)に掲載している(**資料60**)。

1個の細胞内のDNAには77億5,000万個もの水素が関与している。そして核

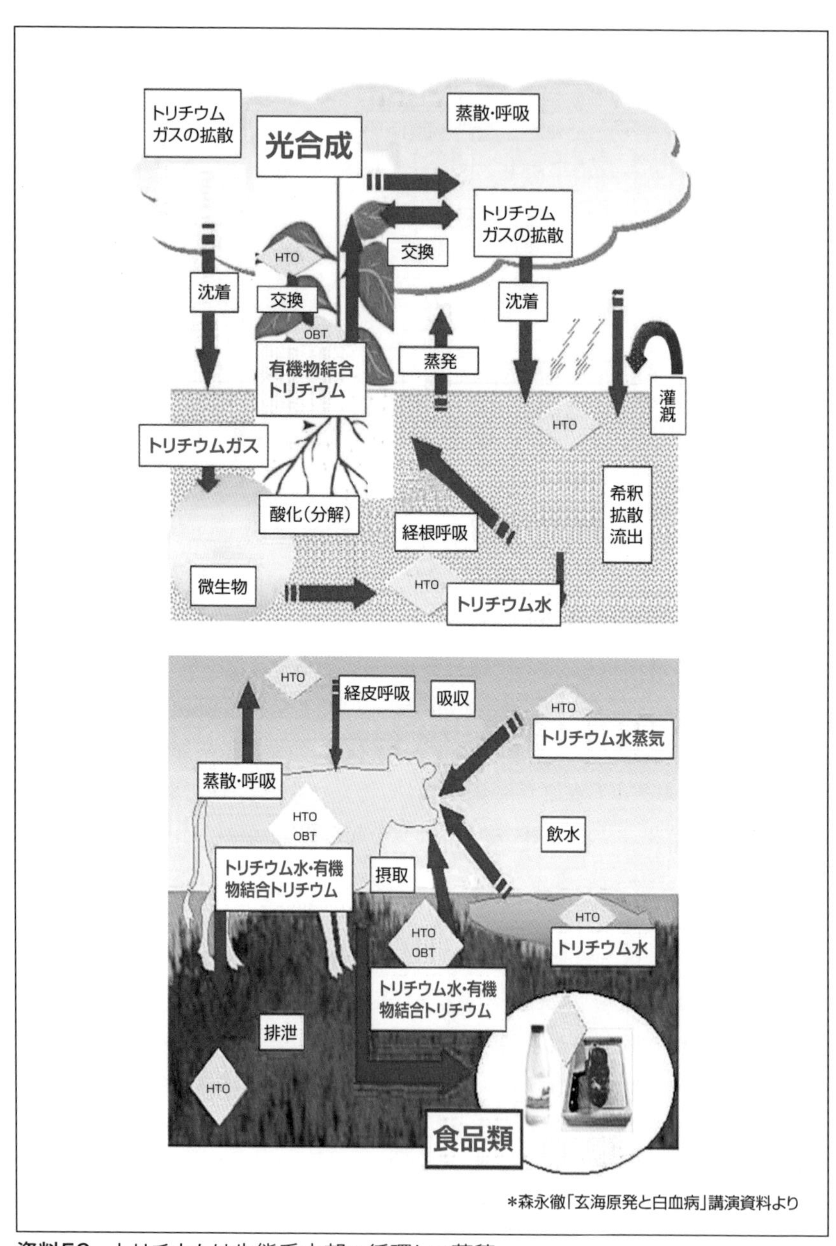

資料59　トリチウムは生態系内部で循環して蓄積

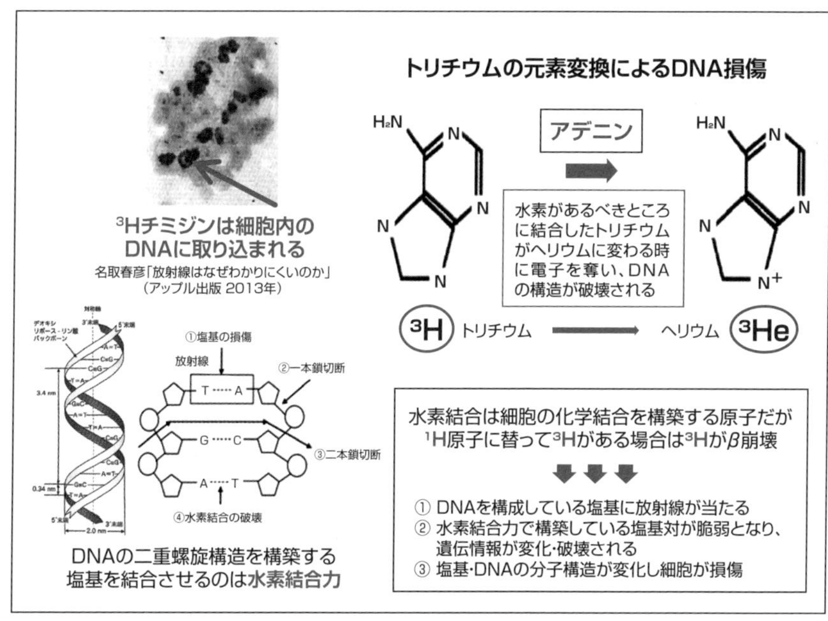

資料60　トリチウムの細胞レベルでの人体影響のまとめ

の中にあるDNA（デオキシリボ核酸）は4つの塩基（アデニン、シトシン、グアニン、チミン）が二重螺旋構造を形成し遺伝情報を含んでいる。この4つの塩基は水素結合力でつながっている。1塩基対当たり平均2.5個の水素原子が必要とされている。核酸塩基はプリンやピリミジンと呼ばれる窒素を含む複素環であり、塩基性となり水素を受け取る性質を持っている。水素として振る舞うトリチウムが化学構造式に取り込まれ、そこでβ線を出すため、遺伝情報を持つ最も基本的なDNAに放射線が当たり、またトリチウムがヘリウム3に元素変換することにより4つの塩基をつないでいる水素結合力も破綻し、そして塩基の本来の化学構造式も変化するのである。ヒトの細胞は6～25μmで通常は約10μmの大きさで、その内部にある重要な小器官はすべて1μm以下の有機化合物で構成されている。

放射線の影響は基本的には被曝した部位に現われる。エネルギーが低くても水素として細胞内の核に取り込まれ、そこで放射線を出して全エネルギーを放出するので影響がないことはないのである。そして有機結合型トリチウムは結合する相手により体内の残留期間も大きく異なるのである。

資料60に人体影響のポイントをまとめて示すが、トリチウムは他の放射性核種と違って、放射線を出すだけではなく化学構造式も変えてしまうのである。塩基とDNAの分子構造が変化すれば細胞が損傷される。DNAの二重螺旋構造を形成している4つの塩基の一つであるアデニンの場合を示す。β崩壊後はアデニンの分子構造も破壊され、その結果、DNA構造を破壊し、遺伝情報に影響を与える。こうした二重・三重の負担をDNAのレベルで与えるので、いくらエネルギーが低くても安全なわけはないのである。

こうしてトリチウムは水素として体内に取り込まれた場合、トリチウム結合DNA・RNA前駆体として遺伝子情報を持つDNAを構築している4つの塩基も被曝することとなる。またこの4つの塩基は水素結合力で二重螺旋構造を構築しているが、有機結合型トリチウムの場合は、β崩壊してヘリウム-3（^{3}He）に変化すれば、水素結合力は失われ、二重螺旋構造は脆弱なものとなるばかりではなく、塩基の化学構造式を変えることとなるのである。これは広い意味で、人間の遺伝子組換えや遺伝子編集と表現できるものである。

内部被曝による人体影響はマンハッタン計画以来、軍事機密とされ隠蔽され続けており、トリチウムもその一つである。トリチウムがほとんど無害とされ、極端な過小評価をされてきたのは、ICRPの線量係数の設定による。内部被曝を計算する「実効線量換算係数」は放射性物質1Bqが人体全体に与える影響度の単位（Sv）に換算する「係数」のことだが、1Bqという測定可能な物理量を「人体全体に与える影響度」などという「仮想量」に換算するという話自体が詐欺的なエセ科学なのである。10μm周囲にしか被曝させないトリチウムの影響を全身化換算すること自体ができないのだが、ICRPは放射線核種とその化合物及び摂取の仕方（経口摂取か吸入摂取か）に分けて全く実証性のない恣意的な換算係数を定めて全身化換算しているのである。それによれば、トリチウムの崩壊電離エネルギーが低いことを理由に、トリチウム水を経口摂取した場合、トリチウム1Bqあたりの人体全体に対する影響度は、10万分の1.8μSv（HTO：1Bq=1.8×10-5μSv）だとしている（**資料61**）。こんな全く実証性のない係数により、10μmの範囲にしか被曝していないのに全身的影響を議論するインチキ換算をしているのである。

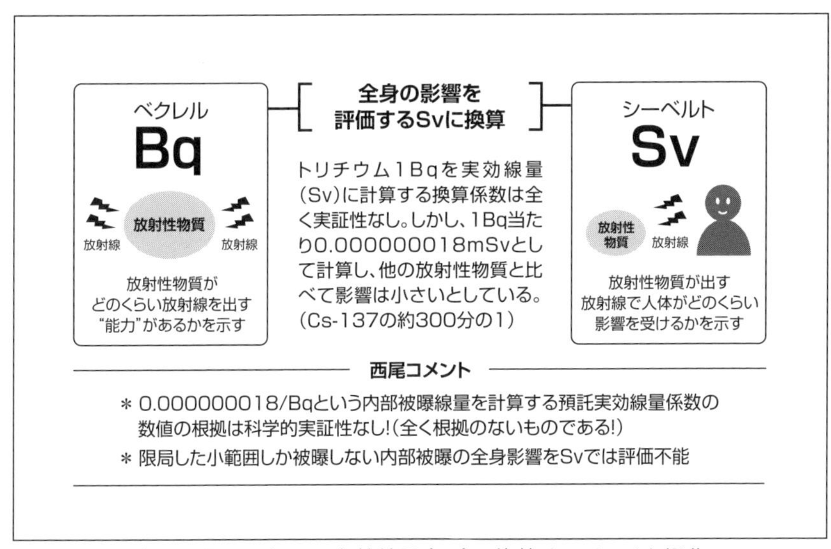

資料61　全身の影響を評価する実効線量(Sv)に換算するインチキ操作

原発稼働による周辺住民の健康被害の報告

1945年の原爆投下から始まった環境へ放出され続けている人工放射性物質との出会いは、人類にとって初めて経験する負の世界の始まりであった。特に戦後の大気中核実験による核分裂で生じた放射性物質は土壌と海洋汚染をもたらし、われわれは無意識のうちに体内に多かれ少なかれ放射性物質を取り入れている。ただ測定していないだけなのである。

人間の疫学調査ではドイツのKiKK調査が有名であるが、**資料62**に調査報告の要約を示す。ドイツで1992年と1998年の2度行われた調査である。この調査はドイツの原子力発電所周辺のがんと白血病の増加に関する調査で、その結果は、原子力施設周辺5km以内の5歳以下の子どもには明らかに影響があり、白血病の相対危険度が5km以遠に比べて2.19、ほかの固形がん発病の相対危険度は1.61と報告され、原発からの距離が遠くなると発病率は下がったという結果であった。

また、カナダの重水炉というトリチウムを多く出すタイプのCANDU原子炉の周辺では稼働後しばらくして住民が実感として健康被害が随分増えていると騒ぎ出した。調査した結果、やはり健康被害が増加していた。カナダ・ピッカリング重水

原子力施設の周辺の健康障害を調査(1992年と1998年に2度調査)

結果：原子力施設周辺5km以内の5歳以下の子どもには明らかに影響がある

- ❖ 白血病の相対危険度が5 km超に比べて2.19
- ❖ がん発病の相対危険度は1.61
- ❖ 10km以内の範囲では白血病の相対危険度が10km超に比べ1.33
- ❖ がん発病の相対危険度は1.18
- ❖ 原発からの距離が遠くなると発病率は下がった

調査地域50 km の範囲の全てのがん発病(p=0,0034)と
白血病(p=0,0044)に対してこの結果は有意で偶然とは考えにくい

アルフレート・ケルブライン：略称『KiKK・調査』
『Epidemiologische Studie zu Kinderkrebs in der umgebung von Kernkraftwerken(原発)』

資料62　ドイツの原子力発電所周辺のがんと白血病 - KiKK調査

玄海町、唐津市、佐賀市と
全国の白血病死亡率の推移

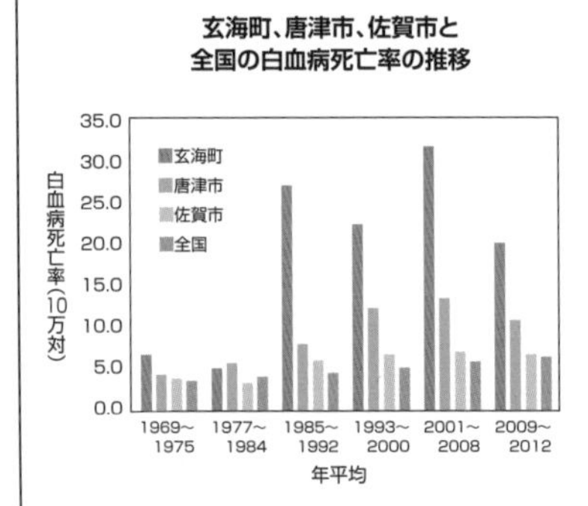

原発稼動後(2001～2011年)の佐賀県内自治体の
玄海原発からの距離と住民の年平均白血病死亡率

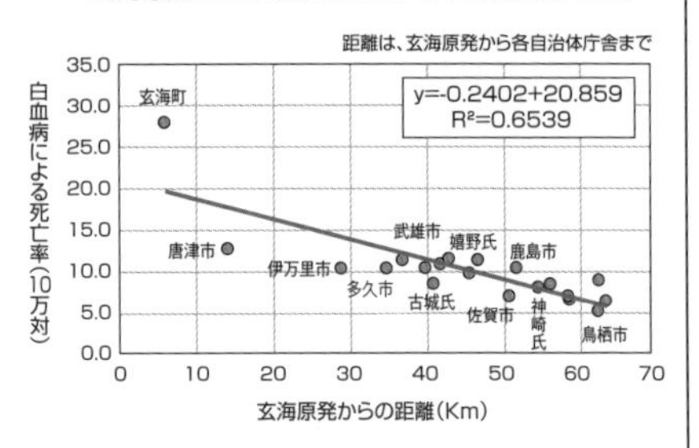

- 単年度で見ると、玄海町と唐津市では1983年から増加傾向が見られ、1985年からは高止まりしている。(データ出典：佐賀県人口動態統計)
- 玄海町と唐津市で1985年からは高止まり
- 玄海原発1号機の稼働は1975年10月であり、トリチウム被曝と白血病発症までには3年のタイムラグがあるという指摘がある(Richardson & Wing.:Am J Epidemiol.2007)が、これは原子力関連施設労働者の調査であり、原発周辺住民の被曝はこれらより少ないために、10年のタイムラグが生じた。

相関係数R = -0.8086
相関係数の有意義性の検定p<0.001
決定係数R2 = -0.8086
玄海原発からの距離(Km)

第56会日本社会医学会総会　2015年7月25・26日(久留米大学)
森永徹(元：純真短期大学)報告を元に作成

資料63　玄海原発と白血病の関連を検討した結果

原子炉周辺都市では小児白血病や新生児死亡率が増加し、またダウン症候群が80%も増加していた(http://note.chiebukuro.yahoo.co.jp/detail/n153962)。

さらに英国のセラフィールド再処理工場の周辺地域の子どもたちの小児白血病の増加に関して、サザンプトン大学のガードナー教授は原因核種としてトリチウムとプルトニウムが関与していると報告している。

なおマウスの実験では、トリチウムの単回投与より同じ量の分割投与の方が白血病の発症が大幅に高かったとする報告もある。原発周辺住民のトリチウム被曝は持続的であり、まさに分割投与の形である。

さらに原発からの距離が近いほど大気中のトリチウム濃度が高いことも報告されており、多くの報告で小児白血病が多いことが共通している。小児の白血病の多くは急性リンパ球性白血病だが、放射線が白血球の中で最も放射線感受性の高いリンパ球に影響を与え、リンパ球性白血病を発症させてもおかしくないのである。

日本国内でも同様な報告があり、全国一トリチウムの放出量が多い玄海原発での調査・研究により、森永徹氏は佐賀県の玄海原発の稼働後に玄海町と唐津市での白血病の有意な増加を報告している。同じ原発立地自治体でもトリチウム高放出の加圧水型原子炉と低放出の沸騰水型原子炉の原発立地自治体の住民の間には白血病死亡率に統計学的有意差があることなどから、玄海町における白血病死亡の上昇は玄海原発から放出されるトリチウムの関与が強く疑われるのである(**資料63**)。

また、北海道の泊原発周辺でも稼働後にがん死亡率の増加が観察されている。泊原発稼働後の2003〜2012年の10年間のがん死亡が増加したのである。泊村と隣町の岩内町のがん死亡率は泊原発が稼働する前は道内179市町村の中で22番目と72番目であったが、原発稼働後は道内で泊村が1位、岩内町が2位になった。ちなみに3位は2020年秋に使用済み核燃料から出る高レベル放射性廃棄物(核のごみ)の最終処分場に応募した寿都町である。

泊原発は過去25年間でトリチウムを570兆Bqを海に捨てており、原発が面している岩内湾を囲む泊・岩内・寿都の3町村のがん死亡が増加しているのである。

さらに「原発通信」が最近まとめた日本を含む世界各地の原発周辺地域の健康被害の報告を**資料64**に示す。

1	アメリカ ピーチボトム原発	運転開始（1974）後のワシントンDCの乳幼児死亡率 1974年には全米平均同等であったものが、 1985年には全米平均の1.5倍になった。 Jグールド著『死にいたる虚構』PKO法「雑則」を広める会発行
2	イギリス トロースネイズ原発	周辺の乳がん発生率は通常の5倍、白血病は8倍、 すい臓がんは5倍など。 『週刊金曜日』2007年8月24日号
3	ドイツ	各原発から5km圏内の小児がんは通常の1.6倍、 白血病は2.2倍。 ドイツ環境省発表による（http://saiban.hiroshima-net.org/trial12.html）
4	カナダ ピッカリング原発	トリチウムの放出により、 周辺住民新生児のダウン症発症率が85%増加した。 I・フェアリー博士「トリチウム災害報告」2007年
5	フランス ラアーグ再処理施設	周辺の小児白血病の発症率が通常の約3倍。 核燃料サイクル阻止1万人訴訟原告団HP
6	フランス	各原発から5km圏内の子どもの白血病発症率は通常の2倍。 フランス国立保健医学研究所発表 2012年1月
7	北海道泊村 泊原発	年間がん死亡率（人口10万人当たり）は約800人。 「全国平均は約300人」北海道健康づくり財団HP （http://ankei.jp/yuji/?n=155）
8	青森県 六ケ所再処理施設	ここ数年の年間の新患数は、白血病25〜40名、悪性リンパ腫 70〜90名、多発性骨髄腫15〜20名、骨髄異形成症候群 30〜40名で、東北地方で最多数となっている。 青森県立中央病院HP
9	福井県敦賀市 敦賀原発	風下3集落の悪性リンパ腫発生率は全国平均の10倍。 明石昇二郎著『敦賀原発銀座「悪性リンパ腫」多発地帯の恐怖』 宝島社、1997年
10	佐賀県玄海町 玄海原発	白血病年間死亡率 30人/人口10万人 全国平均は6人：2006年 http://www.windfarm.co.jp/blog/blog_kaze/post-4139

「原発通信」1070 通常運転時の健康被害2（http://genpatu-no.jugem.jp/?eid=63）

資料64　原発の通常運転による住民に健康被害

こうしたトリチウムの危険性を知っている小柴昌俊氏(ノーベル物理学者)と長谷川晃氏(マックスウエル賞受賞者)は連名で、2003年3月10日付で「良識ある専門知識を持つ物理学者として、トリチウムを燃料とする核融合は極めて危険で、中止してほしい」と当時の総理大臣小泉純一郎宛てに「嘆願書」を出していた(**資料65**)。

その嘆願書の内容は、トリチウムを燃料とする核融合炉は、安全性と環境汚染性から見て極めて危険なものであり、トリチウムはわずか1mgで致死量になり、約2kgで200万人の殺傷能力があると訴えている。

電気出力100万kWの原子炉を1年間運転すると、原子炉ごとに異なるが、加圧水型軽水炉内では約200兆Bq、沸騰水型軽水炉では約20兆Bqのトリチウムが放出されることになる。日本の年間のトリチウム放出管理基準値は22兆Bqだが、これは国内で初めに稼働した福島の沸騰水型原子炉が年間約20兆Bqのトリチウムを排出したので、そのまま海洋放出できるように年間22兆BqまでOKと、国が勝手に規制値を決めたものである。何の科学的、医学的根拠もない数値なのである。この年間の総量規制に従って日本では6万Bq／Lに薄めて海洋放出していたのである。

世界的に見て飲料水中のトリチウムに関する基準値が決められている国は多いが、日本は排出基準だけで、特に飲料水としての基準はない。そのため、飲料水におけるトリチウムの基準値も6万Bq/Lと考えるしかないが、世界的な基準値を比較すると、その差はあまりにも大きい。日本は6万Bq/L、フィンランドは3万Bq/L、WHOは1万Bq/L、スイスも1万Bq/Lであり、ロシアは7,700Bq/L、カナダ(オンタリオ州)は7,000Bq/L、米国は740Bq/L、EUは100Bq/Lである(**資料66**)。

なおカナダは7,000Bq/Lであるが、トリチウムを大量に出す重水炉(CANDU炉)の原発周辺で小児白血病やダウン症候群、新生児死亡の増加など実証されたので、飲料水は20Bq／L以下となっている(Ontario Drinking Water Advisory Councilの勧告)。日本は「放射線、皆で当たれば怖くない」の世界であり、いかにデタラメかを理解していただけると思う。

トリチウムは世界中で垂れ流し

日本のトリチウムの排出規制基準値は、水の形態の場合は60Bq/㎤であり、

トリチウムはわずか1mgで致死量(猛毒)約2kgで200万人の殺傷能力

http://blog.goo.ne.jp/mayumilehr/e/6d4b6a74624e16a03d8e93d0b4f4f9f4

内閣総理大臣
　小泉純一郎殿

嘆願書

「国際核融合実験装置(ITER)の誘致を見直して下さい。」

理由：核融合は遠い将来のエネルギー源としては重要な候補の一つではあります。しかし、ITERで行われるトリチウムを燃料とする核融合炉は安全性と環境汚染性から見て極めて危険なものであります。この結果、たとえ実験が成功しても多量の放射性廃棄物を生み、却ってその公共受容性を否定する結果となる恐れが大きいからです。
・燃料として装置の中に貯えられる約2キログラムのトリチウムはわずか1ミリグラムで致死量とされる猛毒で200万人の殺傷能力があります。これが酸素と結合して重水となって流れ出すと、周囲に極めて危険な状態を生み出します。ちなみにこのトリチウムのもつ放射線量はチェルノブイリ原子炉の事故の時のそれに匹敵するものです。
・反応で発生する中性子は核融合炉の10倍以上のエネルギーをもち、炉壁や建造物を大きく放射化し、4万トンあまりの放射性廃棄物を生み出します。実験終了後は、放射化された装置と建物はすぐ廃棄することができないため、数百年に亘り雨ざらしのまま放置されます。この結果、周囲に放射化された地下水が浸透しその面積は放置された年限に比例して大きくなり、極めて大きな環境汚染を引き起こします。
以上の理由から我々は良識ある専門知識を持つ物理学者としてITERの誘致には絶対に反対します。

平成15年3月10日

小柴昌俊(ノーベル物理学者)

長谷川晃(マックスウエル賞受賞者、元米国物理学会　プラズマ部会長)

小泉純一郎首相への嘆願書

核融合研計画の重水素実験

小柴さん「反対」

「高エネルギーの中性子 防ぐ方法全くない」

小柴昌俊さん

核融合科学研究所(岐阜県土岐市)が計画している重水素実験に対し、02年にノーベル物理学賞を受賞した小柴昌俊さん(86)が反対する見解を記した手紙を、隣接する同県多治見市の古川雅典市長に送付していたことが28日、分かった。「多治見を放射能から守ろう!市民の会」の井上敏夫代表(63)の依頼を受けて送ったという。

多治見市長に手紙

手紙には「現在使われている核分裂の発電施設から発生する中性子の10倍も高いエネルギーの中性子が出ることを防ぐ方法が全くない」などと記され、小柴さんは毎日新聞の取材に「現状での実験は時期尚早」と話した。

実験は、重水素を使って1億2000万度の超高温のガス(プラズマ)を作ることが目標。太陽で起きている核融合反応を、炉の中で実現する核融合発電に向けた基礎研究として行う。土岐、多治見、瑞浪の地元3市は今年度中に実験開始に同意する方向だが、反対住民は約2万人の署名を古川市長に提出する準備を進めている。

手紙について古川市長は「ご意見として、うけたまわりました」とコメントした。【小林哲夫】

毎日新聞、2013年3月1日

資料65　小柴昌俊氏(2002年ノーベル物理学賞)の警告

国	トリチウム基準(Bq/L)
日本	(基準なし)　60000
フィンランド	30000
WHO	10000
スイス	10000
ロシア	7700
米国	740
EU	100
カナダ	20

資料66　国ごとのトリチウム飲料水基準

原発稼働地域と乳がん罹患率の関係

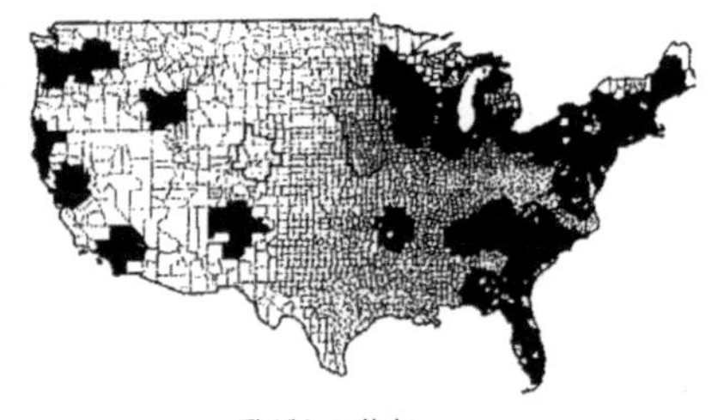

乳がんの分布

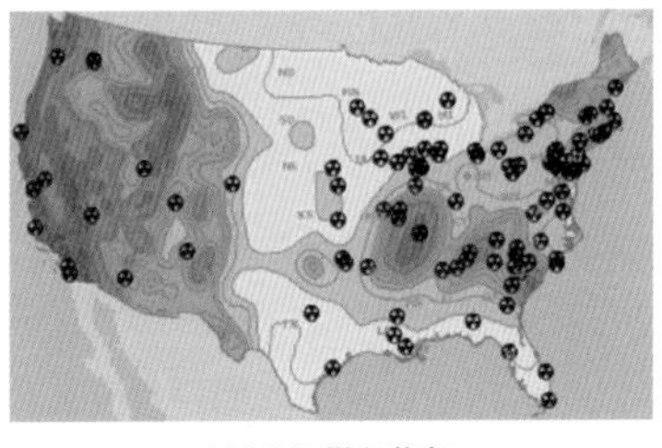

USの原発の分布

資料67　米国の原発施設の設置地域と乳がん罹患者数の関連

水以外の場合は40Bq/cm^3、有機物の形態では30Bq/cm^3である。水中放出の濃度規制値は1cm^3当たり60Bqを1Lに直すと6万Bq／L、1m^3に換算すると6,000万Bq/m^3となる。それ以下に薄めれば海洋放出できるのである。

原発からの放出基準はCs-137では90Bq/Lで、トリチウムは水の場合は60Bq/cm^3とされている。注意していただきたいのは、水とそれ以外の場合では単位が異なり、トリチウム以外の核種はリットル(L)であるが、トリチウムの場合はcm^3(cc)である点だ。

60Bq/cm^3は6万Bq/Lである。これは視覚的なトリックである。内部被曝線量を計算してCs-137の1／300の影響しかないといっても、実際にはトリチウムはCs-137の666倍(60,000／90=666)の濃度で垂れ流しているのである。放出している総量を考えればCs-137の2倍以上の影響があるということになるのである。トリチウムの排出基準の6万Bq/Lの1%が有機結合型トリチウムとして取り入れられたら600Bq/kgとなり、同じβ線を出すCs-137の被曝で多臓器不全となり死亡した人たちの臓器のCs-137濃度(200～500Bq)を超えることとなる。

Cs-137はカリウム(K)と、Sr-90はカルシウム(Ca)と類似した体内動態を辿るが、トリチウムだけは物質の化学構造式まで変えるのである。こうした深刻な人体影響を与えるものであるため、分離技術が未熟だったことから危険性を隠蔽してきたのである。原子力政策を推進する人たちは内部被曝の計算を超極少化しSvで議論することにより安全・安心神話を作り上げ、医学教科書の内容としているのである。

特にトリチウム結合脂質は体内に残存する期間が長いため、脂肪組織が多い臓器の影響が考えられる。その例として、脂質成分が多い乳房において、乳がんの発生が多いことが疫学調査で報告されている。**資料67**に米国の原発設置地域と乳がん罹患者数の関連を示す。

1950〜1989年までの40年間に、米国白人女性の乳がん死亡者数が2倍になったが、米国政府は原因を、石油産業、化学産業などの発展による大気と水の汚染など、文明の進展に伴う止むを得ない現象と発表した。しかし、統計学者J・M・グールド氏は全米3,053郡が保有する40年間の乳がん死亡者数を分析した結果、乳がんの増加率には地域差があり、増加している1,319郡に共通する要因として、郡の所在地と原子炉の存在との間の相関関係が存在することを見つけ出した。また乳がんが増加した地域は、その範囲が原子炉から半径100マイル（約160km）に及ぶことを突き止めている。福島第一原発事故時に米国人に対して160km以遠に退避するように指令が出たのはこのデータを根拠にしているのかもしれない。体内に蓄積されて排出しにくい体脂肪組織である乳房・脳・生殖腺などの影響は研究される必要がある。最近の認知症や発達障害の増加は脂肪組織が多い脳へのトリチウムの影響も関係している可能性は否定できないからである。

2019年10月の私の講演にいらした脳科学の第一人者である黒田洋一郎氏よりメールをいただいたが、その中で、「アルツハイマー病、パーキンソン病ばかりでなく、一般の精神疾患も、福島事故以後に日本で急に増えていることは、「放射線によるDNAの突然変異だけでは説明し難い」のでしたが、「脳への影響がトリチウムの脳への長期蓄積による」とすれば説明できます。しかも脳では一般の脂肪組織ではなく、特に軸索に残留／蓄積することが、他の組織と違い脳神経機能に与える影響が甚大です。いずれにしろ、シナプスの直ぐ近くまでトリチウムがあるのは確実で、トリチウムからの放射線はシナプスに至近距離で当たりますので、大変危険です」と指摘されていた。

黒田氏は『発達障害の原因と発症メカニズム』（河出書房新社、2014年）の改訂版を2020年に出したが、その313〜314ページの中で、トリチウムに関する記載を以下のように追加している。

「トリチウムは脳細胞でも、被曝した細胞のDNAに変異を起こし、異常を生じさせる。この異常の程度にはいろいろあるが、最悪の場合には、DNAの塩基間の水素結合を壊し、DNA二重らせん構造はもはや機能を失ってしまう。そのため、脳のあらゆる種類の細胞は、細胞死を起こす可能性が高まり、脳機能の要である神経回路網の異常の原因となる。認知機能の低下、運動機能の低下など、子どもの脳の発達を妨げるだけでなく、大人の脳機能も低下し、認知機能がトリチウムによっておかしくなる可能性がある。

さらに、トリチウム汚染による神経細胞死は、認知機能の低下、老化関連脳疾患を起こす加齢以外の一つの原因となる。ヒト脳の主役、神経細胞は記憶が何十年も保たれるように、他の細胞より格段に長生きで入れ替わりにくく更新されない。大国の核実験による放射性物質の蓄積もあるが、日本ではアルツハイマー病、パーキンソン病ばかりでなく、統合失調症や一般の精神疾患も、福島事故以降日本で急に増えている。発達障害、アルツハイマー病など脳関係の疾患については、「トリチウムの脳細胞への長期蓄積による神経細胞などの異常、脳機能への影響の原因」とすれば説明できる。しかも脳では一般の脂肪組織ではなく、特に神経情報を運んでいる軸索に、トリチウムは残留・蓄積するので、他の組織と違い、脳神経の機能回路に与える影響が甚大で、老化関連脳疾患、発達障害が将来、更に増える危険がある。」

脂肪組織に取り込まれ、長期間とどまるトリチウムからの被曝の影響を真剣に考えるべきだ——という脳科学者からの指摘なのである。

最後に

本章の最後に、これまで述べてきた私の見解を端的にまとめて筆を擱きたいと思う。

原発は事故を起こさなくても、トリチウムのような放射性物質を環境中に放出することから、稼働すべきではない。発電技術は代替え手段がある。また、日本は地震・火山大国であり、大量の使用済み核燃料の処理もできない状態である。原発は国民の選択で止められる。

また六ヶ所村の再処理工場が本格稼働すれば、1億6,000万Bq/Lの濃度で1日に600㎥のトリチウムが野放しで放出される。原発1基の年間放出量のトリチウムを1日で出すことになる。あまりにも大量にトリチウムを排出するので、政府は六ヶ所村の再処理工場に関しては原子力規制法の適応から外し、排出規制値を設けていない。

これを機会にトリチウムの分離技術を本気で開発すべきであろう。開発後は世界中の原発から垂れ流しているトリチウムの問題も解決に向かうのである。原発事故が起こらなくても、原発稼働によって放出されているトリチウムが健康被害に繋がっていることに政府は真剣に対応すべきである。トリチウムは原発から近いほど濃度が高く、それに生態系の食物連鎖の過程で生物濃縮する。処理コストが安いからといってトリチウムを海洋放出することは、人類に対する緩慢な殺人行為である。

トリチウムは自然界にもあり、海洋には0.2Bq/L含まれているとされていたが、そこに6万Bq/L（海水の30万倍）まで許されるトリチウム汚染水が放出されてきた。それまではトリチウムの人体への影響は隠され、矮小化されてきたが、いよいよ無視できなくなったため、日本原子力学会は大慌てで「トリチウム研究会」を開き、また政府も小委員会で処理方法を検討してきたが、こうした対応自体が実はトリチウムは危険であることを知っているからなのかもしれない。しかし、お金と地位と立場を優先する、そして無知な政権に忖度する専門家とか有識者と言われる人たちは、環境中への放出を唱えている。そこには人の命や健康はどうでもよく、人間としての見識も倫理性も社会正義もない。

トリチウムは今後も陸上保管を継続するべきである。長期保管するための敷地がなくなれば、廃炉が決定した福島第二原発の敷地に保管すればよい。広大な東電の土地が空いているのである。大型タンクを作り保管し続けるべきである。またモルタル固化による永久処分なども検討されているようであるから、そうしてもよいだろう。

トリチウムはろ過や脱塩、蒸留を行っても普通の水素と分離することがとても難しく、1トンのトリチウム水の分離に約2,000万円かかるといわれていたが、最近は分離技術も開発されてきているようである。

現に井原辰彦近大教授（無機材料化学）と大阪市のアルミ箔製造会社「東洋アルミニウム」のチームが、直径5nm以下の小さな穴が無数に開いたアルミ製フィルターを開発し、トリチウム水を含んだ水蒸気をフィルターに通すと、トリチウム水だけが穴に残り、「条件によるが、ほぼ100%分離できた」(近大チーム)ということである。また兵庫県の株式会社「アース・リ・ピュア」(代表取締役：田村岩男氏)はマイクロバブル技術を使ってトリチウムの分離にメドを立てている。これらのトリチウムを分離する技術を行うための機器・装置は高額なものではないため十分に対応できると思われる。

また、放出の準備期間もあり、2022年の夏頃から放出予定であるとすれば、動物実験で安全性を再検討すべきである。ラットの寿命は2年なので、2年間の動物実験を行い本当に影響がないのかどうかを確かめればよいのである。

トリチウムは自然環境中にも少量存在していたが、現在のトリチウムの大半が核兵器の実験と原発稼働によるものであるため、その生物等への影響については、必要以上に矮小化されなければならなかった。こうした歴史の延長上で安全論と風評被害論の対立として議論されているが、どちらの意見も科学的には正しくはない。

現代の人類は約20万年前からの歴史があるとされているが、100年にも満たない20世紀中盤から人類史上画期的な進歩が起こっている。この科学・技術の進歩・発展は同時に負の側面も有している。社会・経済・科学・医学・情報などの分野における進歩と変化の一方で利益優先のために不都合な真実は隠蔽されている。

こうした社会だけに科学的な論理性と想像力を持って生きていただきたい。新型コロナウイルスによるパンデミックで世界中が大騒ぎしているが、人間にとって健康に生きることが最も大事なことであり、失われて最も後悔するのは健康である。

感染症では早期に症状が出ることが多いが、低線量放射線の影響は晩発性となり、症状が出現するとしても線量依存性であり、線量が多ければ早く、少なければ遅れて症状が出ることになる。新型コロナウイルスの感染に関しては、三密(密閉、密集、密接)を避ければ、それなりに感染するリスクは少なくなるが、生活環境中でのトリチウムの被害は避けようがない。唯一、トリチウムをこれ以上環境中に出させないことでしか身を守る方法はないのである。人間としての見識を持ち、科学的・論理的な思考で想像力も持って、将来起こるトリチウムの健康被害を考えていただければと思う。ICRPの報告書を基に書かれた教科書も疑え、である。最後に流布されているトリチウムに関する見解の違いについて論点をまとめて**資料**

政府・専門家のトリチウムの安全安心神話（嘘）

- トリチウムの出すβ線はエネルギーレベルが低い（5.7keV、Cs137は512keV、1/90）人体への影響も同じく少ない
- 半減期12.3年だが、体内では（水なので）10日前後で半減（生物学的半減期が短い）
- 国の放出基準（6万Bq/ℓ）を毎日2リットル飲んでも年間で0.79mSv、国の食品からの被曝基準（1mSv）に達しない（→実際は致死線量に近い）
- 環境中で濃縮されない、生物濃縮もない
- 自然界にもあり他の放射性物質に比べて危険性は「低い」⇒「無視できる」⇒「ない」

▼

真実は!!!

- トリチウムは環境中で濃縮される
- 気体トリチウム（HT）⇒大気中で反応（大部分は酸化されてHTO）⇒再降下
- トリチウム水・蒸気（HTO）⇒微粒子・霧や降雨
- 植物・植物性プランクトンの光合成（HTOとCO_2とから）⇒有機物結合トリチウム（OBT）⇒動物性プランクトン⇒動物による摂取⇒生物濃縮
- 環境中で無機的および有機的に濃縮される（英政府調査、実験による証明：ターナー論文、2009）
- 海岸などの堆積物の微粒子や多孔質砂礫に含まれるミネラル分（多くは酸化物）と結合
- 有機物（特にタンパク質様物質）との親和性（同位体効果よりも大きな結合性）
- 水素として体内に取り込まれ、有機結合型トリチウムの場合は化学構造式まで変える

資料68　トリチウム海洋放出問題のまとめ

68に示す。

「嘘も百万回言えば本当になる」手法でICRPに催眠術をかけられている状態から国民は皆覚醒すべきである。専門家とか有識者と言われる方々もフェイクサイエンスで書かれた教科書を盲信し、御用学者となるのではなく、科学的思考でICRPの催眠術の呪縛から解き放たれてほしいものである。また一人でも多くの医師が「Science for the Money」ではなく、「Science for the People」であってほしいと私は願っている。

あとがき

長い人類史の中で、第二次世界大戦前後の70～80年前から人間社会を大きく変える発見・発明がなされてきた。例えば1938年の核分裂の発見である。1895年にレントゲン博士が得体のしれない光線を発見しX線と名付け、放射線を利用する歴史が始まったが、3年後にはラジウムなどの放射線を出す物質も発見された。そしてこの放射性物質の核分裂は膨大なエネルギーを生み出すことから、まず原子爆弾という兵器として利用され、1950年代からは原子力発電を中心とした原子力政策が進められてきた。

次に1953年に人間のデオキシリボ核酸（DNA）の構造が判明し、遺伝子解析ができるようになり、遺伝情報の操作もできるようになった。この技術は医学においては創薬の世界での遺伝子治療にもつながった。また遺伝子組換え技術を利用した種子の改良にも結びつき、農薬を中心とした化学物質の多用とともに食の安全の問題も生じるようになった。

また1950年代にはNASAの宇宙開発の過程で、電算機の開発として始まったコンピューター技術は劇的な進歩を遂げ、今では科学や技術の進歩に寄与するだけでなく、ICT（Information and Communication Technology：情報通信技術）により社会全体を作り変えていった。

しかしこうして進歩してきた科学・技術には表と裏、光と影の世界がある。本来、技術の進歩は社会全体の中でバランス良く活用されるべきであるが、そのようにはなっていない。プラス面は「今だけ・金だけ・自分だけ」で恩恵を受ける人間を生み出し、マイナス面や不都合な側面は「隠蔽・騙し・嘘」により、国民に負担をかけ、健康被害も強いる社会を生み出している。その典型的なものが原子力政策の負の側面である。

チェルノブイリ事故から25年後の2011年3月、日本は福島第一原子力発電所の事故により、放射線被曝の問題にも向き合わなければならなくなった。

しかし、福島原発事故後10年を経ても、ICRPの放射線防護に関する報告を基に、不都合な真実は隠蔽され、原子力政策を推進する立場で対応している日本政府・行政によるデタラメさは眼を覆うばかりである。科学や医学に関する知識のない政治家や行政官により、日本国民の健康が冒され続けている。

私は、この10年間の流れを見てきて、人生を閉じる前に、より多くの方々にこの“不都合な真実”を知っていただきたいと思い、本書を書き残すことにした。

1950年代から始まった原子力発電が社会の発展に寄与したことは間違いのないことであるが、その過程で、処理もできない多くの核のゴミも出す結果となり、人体への悪影響をもたらすことが明らかとなってきた。札束で頬を叩いて核のゴミを北海道の寿都町などに埋める工作が進んでいるが、見識のある判断とは言えない。

地球温暖化が問題となっているが、原子力発電のために生み出されたエネルギーの7割以上は無駄に海に流されている。原発はいわば「海水温め装置」である。決して地球にやさしい技術ではないのである。太陽エネルギーなどの自然再生エネルギーの技術も進歩しており、新たなエネルギー政策を構築すべき時である。

最後に、本書の出版にあたり、書き溜めていた原稿を、多大な労力で編集し構成してまとめていただいた寿郎社の土肥寿郎氏に心から感謝したい。また被曝問題の原稿も長きにわたり「市民のためのがん治療の会」のホームページ上に掲載していただいた會田昭一郎代表にあらためて深謝いたします。

なお巻末には本書を書くにあたって基となった原稿のURLを示してある。被曝問題だけでなく、がん医療の問題にも関心を持っていただければ幸いである。

2021年2月

西尾正道

西尾正道著作一覧

●ウェブサイト

【市民のためのがん治療の会】「がん医療の今」 http://www.com-info.org/

No.1 20090916「納得のいくがん治療を目指して」
http://www.com-info.org/ima/ima_20090916_nishio.html
No.53 2010915、No.54 2010922「患者会活動としての政策提言(1)(2)」
http://www.com-info.org/ima/ima_20100915_nishio.html
http://www.com-info.org/ima/ima_20100922_nishio.html
No.66 20101228「報道倫理とガバナンスを喪失した『朝日新聞』の報道を断罪する」
http://www.com-info.org/ima/ima_20101228_nishio.html
No.72 20110318「緊急被ばくの事態への対応は冷静に」
http://www.com-info.org/ima/ima_20110318_nishio.html
No.76 20110622「原発事故の健康被害――現況を憂う」
http://www.com-info.org/ima/ima_20110622_nishio.html
No.86+No.87 20120111「福島原発災害を考える(1)(2)」
http://www.com-info.org/medical.php?ima_20111228_nishio
http://www.com-info.org/medical.php?ima_20120111_nishio
No.118 20120829「4年目に入る『がん医療の今』」
http://www.com-info.org/medical.php?ima_20120829_nishio
No.145 20130403「『市民のためのがん治療の会』の会員の皆様へ」
http://www.com-info.org/medical.php?ima_20130403_nishio
No.156+No.157+No.158 20130703「『がんと闘うべきか否か』について
患者よ、がんと賢く闘え」
http://www.com-info.org/ima/ima_20130703_nishio.html
http://www.com-info.org/ima/ima_20130719_nishio.html
http://www.com-info.org/ima/ima_20130731_nishio.html
No.163+No.164+No.165「低線量放射線被ばく
――福島の子どもの甲状腺を含む健康影響について」
http://www.com-info.org/ima/ima_20131023_nishio.html
http://www.com-info.org/medical.php?ima_20131030_nishio
http://www.com-info.org/medical.php?ima_20131106_nishio
No.177 20140305「甲状腺検査の問題について」
http://www.com-info.org/medical.php?ima_20140305_nishio

No.192 20140618「鼻血論争を通じて考える」
http://www.com-info.org/medical.php?ima_20140618_nishio
No.204 20140924「がん患者3万人と向きあった医師が語る――正直ながんのはなし」
http://www.com-info.org/ima/ima_20140924_nishio.html
No.226+No.227「健康被害に関するICRPの理論の問題点(1)(2)」
http://www.com-info.org/ima/ima_20150508_nishio.html
http://www.com-info.org/ima/ima_20150512_nishio.html
No.237 20150721「子宮頸がんワクチン問題を考える――予防接種より検診を!」
http://www.com-info.org/ima/ima_20150721_nishio.html
No.240+No.241「TPPがもたらす医療崩壊と日本人の健康問題(1)(2)」
http://www.com-info.org/ima/ima_20150818_nishio.html
http://www.com-info.org/ima/ima_20150825_nishio.html
No.250 20151208「緊急提言『これでいいのか! 日本のがん登録』」
http://www.com-info.org/ima/ima_20151208_nishio.html
No.254 20160105「なぜ、いま、検診か」
http://www.com-info.org/ima/ima_20160105_nishio.html
No.256 20160119「予測できない時代を迎えて」
http://www.com-info.org/ima/ima_20160119_nishio.html
No.257+No.258「原発事故による甲状腺がんの問題についての考察(1)(2)」
http://www.com-info.org/ima/ima_20160126_nishio.html
http://www.com-info.org/ima/ima_20160202_nishio.html
No.287 20160830「放射線の健康被害を通じて科学の独立性を考える」
http://www.com-info.org/medical.php?ima_20160830_nishio
No.336 20170808「一億総がん罹患社会への道」
http://www.com-info.org/medical.php?ima_20170808_nishio
No.356 20171226「自著紹介『患者よ、がんと賢く闘え!』」
http://www.com-info.org/medical.php?ima_20171226_nishio
No.380 20181211「トリチウムの健康被害について」
http://www.com-info.org/medical.php?ima_20181211_nishio
No.385 20190219「放射性医薬品Sr-89の販売中止について」
http://www.com-info.org/medical.php?ima_20190219_nishio
No.396+No.397 20190723「『がんとの正しい闘い方』を
西尾正道医師に訊く(前篇)(後篇)」
http://www.com-info.org/medical.php?ima_20190723_nishio
http://www.com-info.org/medical.php?ima_20190806_nishio

No.403 20191029「会報休刊に当たって」
http://www.com-info.org/medical.php?ima_20191029_nishio
No.414+No.415「被曝影響をフェイクサイエンスで対応する国家的犯罪(前篇)(後篇)」
http://www.com-info.org/medical.php?ima_20200331_nishio
http://www.com-info.org/medical.php?ima_20200414_nishio
No.422 20200721「COVID-19問題の対応に思う」
http://www.com-info.org/medical.php?ima_20200721_nishio
No.431 20201124「隠蔽され続ける内部被曝の恐ろしさ」
http://www.com-info.org/medical.php?ima_20201124_nishio
No.433 20201222「長寿命放射性元素体内取り込み症候群について」
http://www.com-info.org/medical.php?ima_20201222_nishio

●単行本

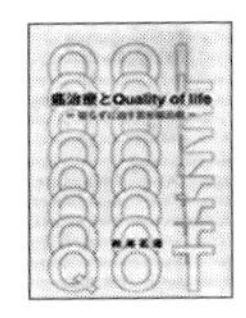

『癌治療と
Quality of life』
キタ・メディア
1992年10月

『がん医療と
放射線治療』
エム・イー振興協会
2000年4月

『がんの
放射線治療』
日本評論社
2000年11月

『放射線
治療医の本音』
NHK出版
2002年6月

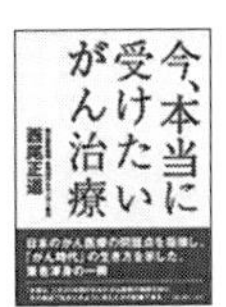

『今、本当に
受けたいがん治療』
エム・イー振興協会
2009年5月

『放射線
健康障害の真実』

旬報社
2012年4月

『がん患者3万人と
向きあった医師が語る
正直ながんのはなし』
旬報社
2014年8月

『被ばく列島』
(小出裕章氏との共著)
KADOKAWA
2014年10月

『患者よ、
がんと賢く闘え!』
旬報社
2017年12月

西尾正道（にしお・まさみち）

1947年生まれ。函館市出身。札幌医科大学卒業。
1974年、国立札幌病院・北海道地方がんセンター（現北海道がんセンター）放射線科勤務。
2008年、同センター院長。2013年から名誉院長。
日本医学放射線学会放射線治療専門医。日本放射線腫瘍学会名誉会員。
日本頭頸部癌学会名誉会員。日本食道学会特別会員。「市民のためのがん治療の会」顧問。

［受賞歴］
1992年4月、日本医学放射線学会優秀論文賞。
2006年9月、札幌市医師会賞。
2007年9月、北海道医師会賞、北海道知事賞。

［著作］
『がん医療と放射線治療』エム・イー振興協会、2000年
『がんの放射線治療』日本評論社、2000年
『放射線治療医の本音——がん患者2万人と向き合って』NHK出版、2002年
『今、本当に受けたいがん治療』エム・イー振興協会、2009年
『放射線健康障害の真実』旬報社、2012年
『がん患者3万人と向きあった医師が語る正直ながんのはなし』旬報社、2014年
『被ばく列島』（小出裕章氏との共著）KADOKAWA、2014年
『患者よ、がんと賢く闘え!——放射線の光と闇』旬報社、2017年
その他、医学領域の専門学術著書・論文多数

被曝（ひばく）インフォデミック
トリチウム、内部被曝（ないぶひばく）——ICRPによるエセ科学（かがく）の拡散（かくさん）

発　行　2021年3月11日　初版第1刷
　　　　2021年9月30日　初版第2刷

著　者　西尾正道

発行者　土肥寿郎

発行所　有限会社寿郎社
〒060-0807　北海道札幌市北区北7条西2丁目37山京ビル
電話011-708-8565　FAX011-708-8566
e-mail　doi@jurousha.com
URL　https://www.jurousha.com
郵便振替　02730-3-10602

装　幀　Hiroe DESIGN

印刷所　モリモト印刷株式会社

落丁・乱丁はお取り替えいたします。ISBN978-4-909281-32-6　C0036